人人学茶

茶里光阴

二十四节气茶

（插画版）

李韬◎著

墨妮◎插画

旅游教育出版社

·北京·

图书在版编目(CIP)数据

茶里光阴：二十四节气茶：插画版 / 李韬著. -- 北京：旅游教育出版社，2022.8（2023.12重印）

（人人学茶）

ISBN 978-7-5637-4411-4

Ⅰ.①茶… Ⅱ.①李… Ⅲ.①茶文化—中国 Ⅳ.①TS971.21

中国版本图书馆CIP数据核字（2022）第104118号

人人学茶

茶里光阴：二十四节气茶（插画版）

李韬 著

墨妮 插画

策　划	赖春梅
责任编辑	赖春梅
出版单位	旅游教育出版社
地　址	北京市朝阳区定福庄南里1号
邮　编	100024
发行电话	(010)65778403　65728372　65767462(传真)
本社网址	www.tepcb.com
E-mail	tepfx@163.com
排版单位	北京卡古鸟艺术设计有限责任公司
印刷单位	天津雅泽印刷有限公司
经销单位	新华书店
开　本	710毫米×1000毫米　1/16
印　张	11.75
字　数	134千字
版　次	2022年8月第1版
印　次	2023年12月第2次印刷
定　价	45.00元

（图书如有装订差错请与发行部联系）

光阴里的茶香

　　因茶与李韬相识于 2007 年的新浪博客，当时只是默默关注，偶尔也会有些简单的交流和碰撞，却从未见过一面。

　　一晃就是十年，立秋前两日，我正在北京莲语学堂讲授《茶与茶席》专题课程，突然收到李韬新浪微博的私信，邀我为他即将出版的《茶里光阴：二十四节气茶》（插画版）写篇序言，基于我对李韬长期的关注和了解，日日浸润于美食与茶香里的他，学养深厚，才华横溢，自己反倒有些相形见绌了。我自忖才疏学浅，难免会词不达意，但还是欣然应允了，这就是茶的力量与缘分使然。

　　当天晚上，我和肖思学女士一起，与李韬相约在北京的棣蔬食茶空间见面了，相逢一笑，都是茶里旧相识，没有寒暄，勿需介绍，便觉已是故交，于是聊茶、聊书、聊美食，兴尽至夜阑更深。

　　"云天收夏色，木叶动秋声。"立秋的夜晚，我阅读着李韬四季喝茶的美文，兴奋不已。新书开篇就是立春，馥郁鲜灵的茉莉花茶，辛温发散，芳香解郁，正是春寒料峭里的最美滋味。雨水时节，他在品白芽奇兰，暗合了顺应节气饮茶的养生之道。他在书里写道："十泡转淡，尾水的颜色仍是明亮的黄，有甜润微酸的气息。"一泡陈茶，茶汤里氤氲的酸与甜，自然天成，能够彼此抑制各自的偏性，酸甘化阴，生津止渴，既是当下节气里的品饮最宜，也是早春的绚烂至极，在季节流转中的归于平淡。淡茶温饮最养人。

　　李韬的茶汤里，不惟有喜悦，也有淡淡的惆怅。惊蛰时节，江南的茶芽正在萌动脱壳，他却在品饮蒙顶山的甘露新茶。四川是他的第二故乡，蒙顶甘露瀹泡出的啜苦咽甘、幽幽兰香，成为他纠结于北京留不下、故乡山西回不去的乡愁里的最好慰藉。松上云闲花上霞，茶是涤烦子，又是忘忧君，有茶的时光，一切的烦恼，都会云淡风轻、烟消云散。

李韬写茶的文字感性，清简素寂，同时闪耀着理性的光辉。感性，使得文章唯美耐读；理性，对茶的描述会更准确，利于鉴赏。从立春，到大寒，在春生、夏长、秋收、冬藏里，在不同的节气，不同的环境，因时因地因心情，他品饮着不同的茶类，茶品之丰富，令我也望尘莫及。李韬的茶文处处流露着传统养生与饮茶的智慧——节气像一根青翠可爱的竹子，"节"是竹节，"气"就是充盈在竹节内的空间。李韬对节气的认识与描述，非常具象而又恰当。而健康的饮茶，就如"茶"字一样，是人在草木中诗意的生活方式。

健康的喝茶方式，一定要遵循季节的变化，这就是天人合一。人体从冬至开始，阳气渐次向外浮越，内寒而外热。从夏至开始，阳气由外至内渐渐收敛，逐步内热而外寒。人体这种随节气的微小而玄妙的变化，启示我们健康喝茶要因人而异，因时而变，通过不同茶饮的寒温变化，来随机调整身体的阴阳平衡，这才是饮茶赋予我们终极的健康意义。喝茶利于健康，一定要学会健康地去喝茶。喝茶健康与健康喝茶，有着本质的不同，中间隔着的，就是一本关于饮茶的严谨客观的指导书籍，而李韬的新著《茶里光阴：二十四节气茶》（插画版），无疑就是值得推荐的力作。

红了樱桃，绿了芭蕉。绿肥红瘦，回黄转绿，盛极而衰，衰而后盛，这不就是二十四节气中自然的四时变化吗？流光容易把人抛的，是"躲进小屋成一统"，是忽视了季节变换的人。藉由茶，让我们重新回归自然、融入自然，在四季的变化中，在节气的光影里，自在愉悦地去品饮一盏包含着节气能量的茶。茗碗浮烟，香隽蕴藉，不惊时序若循环，于此能否感受到"老觉梅花是故人"的亲近和温暖？

静清和

---

*静清和，国内著名茶人、学者。著有《茶味初见》、《茶席窥美》、《茶路无尽》、《茶与茶器》等。

节与气

　　节气，我们现在作为一个词来理解。可能大部分的人对节气的理解已经比较模糊了。实际上，在中国古代，"节"和"气"是两个词。

　　古人根据太阳一年内的位置变化以及由此所引起的地面气候的演变次序，把一年三百六十五又四分之一的天数分成二十四段，分列在十二个月中，以反映四季、气温、物候等情况，这就是二十四节气。每月分为两段，月首叫"节"，月中叫"气"。所以，从这个角度来讲，节气是按照"太阳历"来说的。

　　古人将一个太阳年，划分为季、节、气、候，1 年 =4 季 =12 节 =12 气 =72 候，这就是季节、气候的定义。十二个月，每月设一个"节"，中间设"气"，如同划分出十二竹节，竹节中间充气，此乃节气的由来，也是气节、节度的本意。

　　但是我们中国人也很喜欢说阴历。阴，是指太阴星，就是天上的圆月，是根据月相变化来计算的历法。因为地球绕太阳一周为三百六十五天，而十二个阴历月只有约三百五十四天，所以古人以增置闰月来解决这一问题。闰月，就是根据节气来确定的——如果一个月有节无气，我们就设置闰月。这样一来，通过设置闰月和二十四节气的办法，使得历年的平均长度等于回归年，将太阳、月亮的周期实现了阴阳合一，因此，中国的"农历"实际是一种比较科学的"阴阳历"。我们日常说话，常说"农历"就是"阴历"，虽然大家都理解，其实不完全正确。

　　二十四节气以太阳正照南回归线的"冬至"起算，历小寒、大寒、立春、雨水、惊蛰、春分、清明、谷雨、立夏、小满、芒种、夏至、小暑、大暑、立秋、处暑、白露、秋分、霜降、立冬、小雪、大雪，再至冬至为一岁，其一节一气为一个月，以冬至起子月，所以古时的"冬至节"是个很重要的节日，过节也很隆重。到了夏朝，则以立春（即寅月）为一年的开始，一直沿用至今。

李韬

目　录
CONTENTS

立春 *The Beginning of Spring*

静待花期 / 001

茉莉花茶：此时此刻的味道 / 003

白茶：七年之宝 / 006

雨水 *The Rains*

思患而防 / 009

坝糯藤条茶，精灵舞动的香气 / 010

白芽奇兰，却见春葳蕤 / 012

惊蛰 *The Waking of Insects*

天地盈虚 / 015

蒙顶甘露：蒙山顶上一枝兰 / 017

纳雍绿茶：干净的味道 / 020

春分 *The Spring Equinox*

向上而同 / 023

曼松茶：甜润暗香的桃花源 / 025

品味贺开 / 027

清明 *Pure Brightness*

既清且明 / 030

师父送的天台黄茶 / 032

岕茶：对旧时茶事的温柔试探 / 034

谷雨 *Grain Rain*

归妹永终 / 038

寻找回来的铁观音 / 040

岩茶梅占：梅占百花先 / 043

立夏 *The Beginning of Summer*

天地通泰 / 046

霞浦元宵茶：波澜壮阔终将不敌清浅和风 / 048

星野玉露：异国传来的茶香 / 050

小满 *Lesser Fullness of Grain*

小得盈满 / 053

玉麒麟：高雅才值得回味 / 055

顾渚紫笋：茶圣亲自命名的贡茶 / 057

芒种 *Grain in Beard*

青梅煮酒 / 060

涌溪火青：坚守 20 个小时的雅债 / 063

永春佛手：心之清供 / 066

夏至 *The Summer Solstice*

阳盛阴生 / 069

正太阳：豪情终化绕指柔 / 071

太云白茶：玉霜香雪可清心 / 073

小暑 *Lesser Heat*

正气热散 / 076

九华佛茶：大愿甘露 / 078

峨眉雪芽：将登峨眉雪满山 / 080

大暑 *Greater Heat*

暑气乃湿 / 084

六安瓜片：茶缘天地间 / 086

老丛梨山：冷露无声 / 088

立秋 *The Beginning of Autumn*

长夏转阴 / 091

白桃乌龙：一抹桃花香 / 093

岩茶瑞香：春沁芳馨透骨清 / 095

处暑 *The End of Heat*

天地始肃 / 098

金柳条：茶盏里的云间烟火 / 100

鸭屎香：单丛庞大香气谱系里的异数 / 102

白露 *White Dews*

秋色属白 / 105

白鸡冠：不逊梅雪三分白 / 107

白牡丹：月明似水一庭香 / 109

秋分 *The Autumn Equinox*

静观待机 / 112

正蔷薇：春藏锦绣熏风起 / 114

石中玉：石火光中寄此身 / 116

寒露 *Cold Dews*

空山始寒 / 119

凤凰八仙：自地从天香满空 / 121

北斗：扑朔迷离总正源 / 123

霜降 *Frost's Descent*

天地自安 / 126

重新发现安茶 / 128

九品莲：草木丹气隐 / 130

立冬 *The Beginning of Winter*

君子俭德 / 133

宁红与龙须，五彩络出安宁世 / 135

陈皮普洱：手持淡泊的花朵 / 137

小雪 *Lesser Snow*

自昭明德 / 140

九曲红梅：最是思乡情怀 / 142

宁德野生红茶：无意无心的野茶 / 144

大雪 *Greater Snow*

阴盛阳萌 / 147

紧茶之心 / 149

槟榔香里说六堡 / 151

冬至 *The Winter Solstice*

见天地心 / 155

烟正山小种：桐木关的美丽烟云 / 157

正太阴：月华如水 / 159

小寒 *Lesser Cold*

冬寒尚小 / 162

古黟黑茶：新安大好山水滋养的好茶 / 164

茯砖：穿越万里茶路 / 166

大寒 *Greater Cold*

修省自身 / 170

紫娟流光 / 172

当下清净而又可伴一生的粽叶藏茶 / 174

后记 *Postscript*

二十四维的光阴与茶香 / 177

立春

立春 静待花期
The Beginning of Spring

　　"立春"，大部分人的重点都会放在"春"上，顿时联想出一片春回大地、绿柳萌发、山花烂漫之景象。其实，立春时节，中国的大部分地区尤其是北方还是比较寒冷的，但是在宇宙大的运行之中，春天已经在酝酿了。

　　我们的古人对自然的观察很细致。他们敏感地发现到了正月，阳能逐渐上升，气温也开始上升，宇宙中发生着规律性的联动变化。为了推演这种时间和空间的复杂关联性，他们采用了卦象这种形象的工具。而立春被描述为地天泰卦，下面三爻都是阳爻，所谓"三阳开泰"，就是说已经有三个阳了，万物开始萌发生气，立春是节，相隔十五天的雨水是气。

　　明代有一本关于植物栽培的书叫做《群芳谱》，仅看名字，就仿佛一派春天的感觉。《群芳谱》对立春的解释十分到位："立，始建也。春气始而建立也。"虽然物象不是人们想象的春天，但是立春为春天的建立开创了格局。

　　立春的三候是："一候东风解冻，二候蜇虫始振，三候鱼陟负冰"。说的是自立春始，第一个五日里东风送暖，大地开始解冻。第二个五日后，蛰居的虫类在洞中慢慢苏醒，但还不是惊蛰那样开始出现在地面以上活动。再过五日，河里的冰开始融化，鱼便到水面上游动，那些薄薄的碎冰片看起来就像是被鱼背着一样浮在水面上。

　　立春之后，人体内的阳气自然而然地顺应天地阳气，希望舒张萌发，虽然气温不高，人们却总有想伸手伸脚的冲动，不愿意多穿衣服。但老人知道还不到时候，故而常常教育年青人要"春捂秋冻"。而人的精神层面上也自然而然地升起希望，故而祈福、祝愿都难以抑制。民间春游从此开始，大人们、孩子们都迫切希望亲近自然。吃春饼、春卷是立春的习俗，尤其是春饼，食材丰富，色彩缤纷，不仅满足的是人体的需求，同时也传达出人们对未来的希冀和祝愿。

　　这次的立春，我选择了两款茶，作为这个节气的当下之茶。有意思的是，都是福建的茶。一款是茉莉花茶，一款是福建的老白茶。我喝白茶，不拘是银针还是牡丹，然而老寿眉喝得多些。茉莉花茶香气馥郁，花又主发散，适合助力阳气生发；老寿眉温润清雅，适合春天那种不温不火的感觉。

茉莉花茶：此时此刻的味道

整个北方，曾经是茉莉花茶的天下。我是山西人，读书的时候，我有个关系很好的同学，家里总有纸盒装的"天山银毫"，每次冲泡，都香得不得了，又不冲鼻子，喝着、闻着都很舒服。后来才知道这茶和新疆没啥关系，是一种福建宁德产的茉莉花茶。

茉莉花茶福建产的较多，除了福建，浙江、江苏、广西和四川也产。茉莉花茶有过非常辉煌的历史，虽然如今它仿佛变成了"不会喝茶"和"低端茶"的代名词。在中国古代文化最为绚烂的时代，宋朝那一片雨过天青的温润里，已经将龙脑加入贡茶里，出现了"花茶"这一茶叶大类。不过，正式用鲜花作香料窨制花茶是在明朝。明朝是个器物粗糙体大的朝代，然而茶事却有自己的细腻：他们会用木樨、茉莉、蔷薇、栀子、木香、梅花等各式鲜花窨制花茶。

在宋朝的时候福建就已经广泛地种植茉莉花，现在茉莉花更是福州的市花。19 世纪中叶到 20 世纪 30 年代，福州茉莉花茶生产发展到鼎盛时期；期时，京、津茶商云集榕城，大量窨制茉莉花茶运销东北、华北一带的大城市，福州由此成为全国窨制花茶的中心。而西方尤其喜欢这种花香浓郁的茶品，福州花茶远销欧、美和南洋各地，为数甚巨。四川在 1884 年从福州引种茉莉花苗；1938 年，福州的窨花技艺传到苏州，所以这些地区都发展成了中国重要的茉莉花茶产区。

四川本身是产茶大省，成都又是休闲之都，有喝茉莉花茶的传统。成都茶厂最有名的品种就是"三花茶"——不是三种花制成的茶，而是三级茉莉花茶。老成都人视茶馆为客厅，日上三竿自然醒后，趿拉着鞋子，睡眼惺忪地上了街，先在面馆吃碗面，然后再走两步蹓进茶馆，喊："幺师，来碗三花！"茶馆里的伙计，尊称是"茶博士"，俚称是"幺师"。普通成都人都喝三级花茶，够味，经泡，又便宜，所以老成都人每天都是"来碗三花"。碗是盖碗，老成都人喝茶都是盖碗茶，一般是青花瓷的茶托、茶碗、茶盖三件套。喝茶期间基本是眯着眼晒太阳，也不说话，茶盖翻起插在碗和托之间，伙计就会提着铜壶来添水，无事便是一天。不过我印象里，他们有事的时候不多。在成都喝茶，我印象最深的是在成都青羊宫喝到的茉莉花茶。道姑收完钱，便直接按人头给你几个装好茶的盖碗，自己寻找桌椅，坐好后有人来添水。

后来我去美国洛杉矶，那里的四季并不分明，总是温暖的。有一个休息日不知道怎么就突然想起了茉莉花茶，约了朋友专门去西来寺泡茶。茶叶是日本 LUPICIA 出的茉莉工艺茶，看着是一个茉莉银毫的大球，泡开来，会有千日红的小野菊浮起。就在西来寺的草坪上，远处是石雕的小和尚，在异国他乡的天空下散发出一片茉莉茶香。

现今我养成了一个习惯，每年春天都会买一些茉莉花茶，福建产的多些，有的时候也买四川的碧潭飘雪。传统上，花茶里的干花越少越好，窨制的次数越多越贵。以前一般都是七窨七提，就是利用茶叶吸味、鲜花吐香的道理，将半开的茉莉花放在茶坯中，吸完香后再把干花拣净，反复七次。后来一些厂家为了降低成本，第一遍先用白兰花窨制，再用茉莉花窨制，道数也改为三窨三提。这样的茉莉花茶品质就下降很多，因为白玉兰的花香，闻着浓郁，却有点"闷"，不如茉莉花的清雅有灵气。更有甚者，茉莉花茶标准的出厂水分含量为 8%～9%，不允许超出9%。但有的厂家，为了弥补下花量少、茉莉花茶内香不足，故意把茶叶出厂的水分提高到 9% 以上。一方面茶叶在干闻时鲜灵度好，另一方面也可以增加茶叶重量，可是这样的茶，闻起来香，喝起来却不香，也就埋下了"茉莉花茶就是低端茶，品质不佳"的认知伏笔。

　　我爱茉莉花茶，是喜欢它芳香开窍，又蕴含着茶香。连续几个立春节气的茶会，我都选了不同等级的茉莉花茶。每次有人看到我喝茉莉花茶，他们都会惊诧一下，我知道他们内心一定在说：这个爱茶的老师，怎么会喝茉莉花茶这种低端茶？那不是不会喝茶的人喝的吗？我开始还辩解几句，后来便不说话了——只要你自己开心，有的时候不要那么敏感吧。过去的已过去，未来又还未来，重要的是我们把此时此刻的茶水倒在此时此刻的杯子里。品这碗茉莉花茶，喝的就是此时此刻的味道吧。

白茶：七年之宝

白茶，也许是天空的云雾凝成的精华。在福建福鼎，人们采摘了细嫩、叶背多白茸毛的芽叶，不炒不揉，就是用大自然的阳光晒干，如果天气不好，就耐心地用文火烘干，把茶叶的白茸毛在干茶的表面完整地保留下来，成就了最为纯真的银白和带着青涩的草香。

最漂亮的，还是白毫银针和白牡丹。顶级的白毫银针，满覆银毫，又比较粗壮挺拔，好像充满肌肉的力量；而白牡丹会在白毫下隐隐有绿色露出，仿若白纱下面隐现着绿色的裙裾。最常见的当然是寿眉。其实以前还杂着一种贡眉。贡眉是白茶菜茶制成的，菜茶是群体种，也叫"小白"。实际上贡眉要比寿眉等级略高一些，因为还是有芽头的。而福鼎大白茶的芽制成了白毫银针，抽针后的片叶制成的白茶就是寿眉。寿眉以前叫做"三角片"，仿若枯叶蝶，叶片比较薄，有着斑斓的秋天落叶的颜色。

白茶存放时间越长，其药用价值越高，有"一年茶、三年药、七年宝"之说，一般五六年的白茶就可算老白茶，十几二十年的老白茶已经非常难得。白茶因为火气较小，一直作为下火凉血之用，新白茶的草叶气仿若杏花初开，而随着年份增长，香气成分逐渐挥发，汤色逐渐变红，滋味变得醇和，茶性也逐渐由凉转温，泡好的老白茶会有枣香或者药香发散出来，闻着就让人舒缓和放松，老寿眉的表现尤为突出。

茶确实是中国人最早的"药"啊。古代那些羁旅中人于旅途中，在歇息的片刻，会从破旧的藤箱或者背包里，拿出随身的一小包茶叶，用山泉水煮了或者冲泡，这样那样的茶香就充溢了那一小片空间，饮用的人发出一声轻叹，因为一种来自内心的舒爽。在这舒爽之中，那些初期的病痛也慢慢抽离出去，与怀念故乡的水汽一起升上高空，变成缭绕在山间的云雾。而饮茶人的目光跟随着这些云雾，绕过山峦、溪谷，看到春天柔韧扭转的紫藤、夏天陪伴着翠鸟的红莲、秋天隐逸在竹篱旁的金菊、冬天衬着白雪的蜡梅。这幅糅合了远山近水、四时花卉的中国画，正是旅人藏在内心的美好故园。

这种美好里谁能说没有散发着缕缕茶香呢？"茶"这种药，不仅医治身体，更加疗治心灵，它的功能，一个是治疗，一个是参悟。不论东方的大道，还是西来的佛法，中国文化的种种，都笼罩在这茶香之中，让人顿悟或者长思。

在古代中国，茶曾被认为难以离开旧土，因此它还有一个名字叫做"不迁"。可是它却温暖了旅人的手，明亮他们的眼，并且跟着他们，从云南走到四川，又沿着长江去了湖南湖北，更慢慢出现在了福建、江苏、广东、浙江……茶之为宝，在于它穿过漫长的历史甬道，给了我们真实而长久的慰藉，并且历久弥香。

雨水 思患而防
The Rains

雨水，是正月的第二个节气。元朝的吴澄写了一本书，叫做《月令七十二候集解》，书中对节气的解释非常准确。其中对于"雨水"的解释是这样的："雨水，正月中。天一生水，春始属木，然生木者，必水也，故立春后继之雨水。且东风既解冻，则散而为雨水矣。"这段话字面意思很明白，但是可能一般人会有疑惑。因为雨水这个节气，大都在农历正月十五前后，南方还不温暖，北方更有可能仍会下雪，似乎离下雨还很远。

其实这正反映出了古人在思维上的高妙之处。古人认为，春是从木开始的，这里的木是五行中的木，表象之一就是植物在春天开始萌芽生长。然而植物的萌芽生长是离不开水的，故而立春之后，雨水必须跟上，五行才能真正运转。这种思维在自然中其实得到了印证，就是在雨水节气后降水量开始增加，而在降水形式上，雪却渐渐少了，一切都在为春雨而酝酿。

中国有句老话叫做"万事俱备，只欠东风"，立春是东风既解，雨水就是春雨即来。雨水即将来了，但是实际的天象上还不是雨，可是农作物、其他植物都需要雨才能萌发生长，成熟后才能满足人类的生命需求。那怎么办呢？我们老祖宗思维的高明之处在这里又上了一个台阶——人不要和自然对抗，但是要摸清自然规律，积极投身进去，产生能量交换。所以要求人们在雨水这个节气，思患而预防之。也就是说，春天来了，天地给了解冻的春风，给了生命的雨水，人在这里是单纯地等待还是要必须有所作为？答案是明确的，天时再好，农作物不可能自行生长，人们必须付出自己该付出的，才能最终收获劳动果实。

说到雨水，我想到了两款茶。一款是普洱茶里的坝糯藤条茶，仿佛带着水汽的高扬青梅香与润泽的雨意很相配；一款是白芽奇兰，如山岚般的兰花香，给人希望，给人信心，令人振奋，恰好是君子思患而防之的真意。

坝糯藤条茶，精灵舞动的香气

1999 年去丽江旅游，算是正式在云南接触到普洱茶，后来一度定居大理，交了不少热爱普洱茶的茶友。再后来 2006 年去腾冲，感受到了高黎贡山一带普洱茶中那种淡淡的火山灰味道，再到 2008 年自己开始订做勐海茶区普洱茶，一直到今天，喝过那么多林林总总的普洱茶、真的假的普洱茶、有故事没故事的普洱茶、大厂小坊的普洱茶，我从来都是毫不掩饰我对临沧茶的偏爱。

第一次喝临沧茶，碰到了昔归生普，那种惊艳回想起来依然清晰。慢慢接触多了，我对临沧茶整体的评价就是：特别干净，充满阳刚之气，因而当下喝香气劲扬，而陈放后，内质转化迷人多变，非常稳定。这几年临沧勐库的茶逐渐在市场上得到广泛认可，而最有名的应该就是冰岛。以冰岛为界，分成了东半山和西半山，也各有名寨。西半山知名的有冰岛、懂过、大户赛、小户赛和大雪山等等，东半山知名的有正气塘、忙蚌和坝糯等。

东半山的茶树迎接朝阳，西半山的茶树送走夕阳。所以两个地方的茶各有特点。西半山的茶柔和但是内质丰厚，口感绵绵不断；东半山的茶活泼，香气层次丰富、高扬，如日初升。2020 年茶区大旱，茶叶发芽率不是很高，但是春节期间却下了两场小雨，土壤墒情是够的，特别是对于那些根系很深的老茶树。所以，当相识了 14 年的朋友岩刀问我要做什么茶的时候，我想了想，说，我想要坝糯的古树。

2018 年前坝糯还没有通公路，它是临沧最后一个通公路的地方，不过这通了的公路也不咋好走。因为不好走，去寻茶的人不多。从茶的角度来说，被少打扰的茶活得都要好一些。而且，还有一点很主要的，坝糯的古茶树都是藤条茶。

藤条茶，不是一个茶树品种，而是漫长的人工驯化、栽培、利用茶树产生的结果。勐库大叶种是最古老的茶树品种，在被人类利用的千年岁月里，不断散发出光彩。其中，为了减少爬高上低的去树顶采摘鲜叶，当地的人们在茶树生长的时候开始适当打顶，而让其侧枝更多的萌发；此外还把较高处的侧枝也适当修剪，这样树枝延伸下沉，而枝条顶部茶叶叶片生长集中，就像藤条一样。特别是那些树龄超过百年的老茶树，一棵树就有上百根藤条，最长的藤条可以达到 4~5 米。藤条茶的养分比较集中，茶叶内质非常优秀，特别是坝糯海拔高，平均在 1840 米，生态良好，生物多样性丰富。而坝糯种植茶树的历史不会晚于冰岛，当地拉祜族和汉族都有很长的种茶历史，累积了丰富的经验。

当岩刀把头采的 300 年古树春茶寄给我的时候，我正被急性鼻炎折磨中。过了一星期我才试茶。一打开袋子，特别浓郁好闻的香气，到底是什么香呢？我在脑海里搜索可以比拟的事物。嗯，是青梅子和青橄榄还有茶香混合在一起的味道啊。烧了水来冲泡，支棱的茶叶变得柔韧，香气迅速地扩散在整个房间，依然是青橄榄的鲜气和山野之气的茶香。看看茶汤，特别通透，但是就像是有胶质般，那些小气泡都镶嵌在水里，是茶汤内质丰富的表现。喝了一口，顺滑，有丝丝的苦，迅速化成甘甜。连续冲了十几次，让我过了一回茶瘾。

给它起个名字吧。想起来清朝诗人黄绍芳咏橄榄的诗句："珍珠粒粒露华鲜，崖蜜檀香味绝妍。"就叫它"露华"吧。

白芽奇兰，却见春葳蕤

　　我一直告诫自己：茶之一道，纷繁复杂，变化多端，虽有自己的诸多理解，然而勿轻下定论。不过，喝了三十多年茶，见到的茶不少，动心的反倒是越来越少了。不到十岁的时候，曾经喝过长条小纸盒装的安溪铁观音，印象里应该是棕褐色，好像也不是球形，是蜷曲的条索状，具体味道不记得了，然而就是觉得好喝得不得了，觉得这名字贴切，观音甘露啊，也就是如此吧？

　　长大了，二十多岁，北方不再是茉莉花茶和绿茶的天下，出差到中原的郑州，看到茶城里铁观音绝对占半壁江山。然而，这样的铁观音，我不喜欢。那是青翠的球状茶叶，闻起来还是青草的气息，既不明媚也不稳重，喝到嘴里是轻浮的香气。也许不怪铁观音，因为市场上充斥的是台湾轻发酵乌龙，而据说客人是喜欢这青翠的色泽、高扬的香气的。

　　我曾经和茶圈子里著名的茶人王平年兄探讨过铁观音的问题。他的重点落在茶园的冒进，生态的紊乱，我们已经不能提供好的地力反映出铁观音最原始的能量；我的偏执在于愤怒铁观音抛弃了传统的工艺，轻发酵、不焙火或者轻焙火，造成了茶汤质感的全面退化。我知道我把原因过分纠结在这一点上，其实任何一个茶品，都是品种（香）和工艺（香）的结合，甚至原料因素占比要更大一些。但是从大的茶区来看，铁观音的这一做法不仅影响了它自己，连带永春佛手、黄金桂等等也受到波及了。真正的幸福都在历练苦难之后，真正的观音韵、佛手香也是在焙火之后才真正地显现啊。

　　受影响的还有白芽奇兰。我在洛杉矶出差，当地老华侨神秘地给我一泡茶叶，还告诉我是真正的好茶，说我肯定没喝过。我如获珍宝，专门休假一天品饮。开汤一尝，原料不错，工艺太差，可惜了这泡白芽奇兰。白芽奇兰以前一直是作为色种，拼配在铁观音之中，它有特殊而持久的兰花般的香气，让观音韵充满奇妙的层次感。它的定名时间比较晚，有的说是1981年，但比较稳妥的时间是1990年后。在大陆，白芽奇兰的知名度远逊于铁观音，虽然也受轻发酵影响，但影响程度不深，而且老茶人不太看所谓"市场"风潮，还是坚持传统技术做茶，所以反而我更喜欢白芽奇兰。

　　白芽奇兰的原产地是福建平和。以当地本地茶树制茶，都呈兰香一脉，故曰"奇兰"，又分早奇兰、晚奇兰、竹叶奇兰、金边奇兰等小品种。而一种芽梢呈白绿色的奇兰，就被定名为"白芽奇兰"。平和是琯溪蜜柚的原产地，果树和茶树共生的美景，确实养眼养心。发源于平和县葛竹山麓的梅潭河，流到了另一个名茶之乡——广东梅州的大埔，最终融入了那里生长的茶树里，成为我案头这罐白芽奇兰的一部分。

　　这批白芽奇兰已经陈放了至少五年。第一泡，我稍微放轻了冲泡手法，但是没有降低水温，不到十秒就已出汤。没有火味，却有仍然活泼的兰香，尝一口，茶汤尚淡，可是我知道这香气是有根的。可以高冲了，也不用增加浸泡时间，一般都在二十秒左右出汤，汤质非常稳定，直到六、七泡时才出现了隐藏的火功之气，九、十泡转淡，尾水的颜色仍是明亮的黄，有甜润微酸的气息。

　　没有经历过繁华的质朴，不是单纯而是简单；没有绚烂的历程得来的平淡，那是寡淡。这陈年的白芽奇兰，正在绚烂和平淡之间，两者皆有，确是难得的好茶啊。

惊蛰 天地盈虚 The Waking of Insects

惊蛰是农历二月的第一个节气。《月令七十二候集解》中说："惊蛰，二月节。《夏小正》曰正月启。蛰，言发蛰也。万物出乎震，震为雷，故曰惊蛰。是蛰虫惊而出走矣。"这一节气和立春、雨水一脉相承：立春东风解冻，雨水春雨酝酿，而惊蛰春雷始鸣，天地震动，那些昆虫、走兽在立春时已经有苏醒的迹象，还在"懒床"，这一下全部吓醒。仿佛一场生命的大戏，前两个节气还在舞台上布景准备，惊蛰一到，大幕拉开，生长的戏码就要轰轰烈烈地上演。

中国的古人是非常在乎人与自然的联结的，因此用天的虚与地的实来体现，人就在这一虚一实间感悟遵行天地大道。惊蛰一般是每年公历的 3 月 5 日或 6 日，往往在农历二月初二的后几日。"二月二，龙抬头"，二月二是民俗里很重要的一个日子，家家户户的男人们都在那一天剃头，借助龙抬头的好运势。这个龙是天上的龙，是潜龙勿用的龙，是个在地上触摸不到然而又可以借助实相来理解的龙。龙是鳞虫之首，行云布雨，立春起东风，风云既来，云从龙，而雨随之，所以，雨水准备。龙一抬头，惊蛰后百虫皆走，春天真正出现，人们必须忙碌起来了。所谓一年之计在于春，春天不忙碌，秋天无粮收。泛化开来，这个"粮"其实是指一切劳动的果实。

惊蛰的震为雷，雷为农作物的生长提供了自然的肥料。我曾经在大理居住多年，大理有种美味的特产就是长在白蚂蚁窝上的鸡枞菌。野生鸡枞的生长和采摘都是雷雨季。天一打雷，大气氮气激增，随雨水落到白蚂蚁窝上，形成复合的氮肥，鸡枞的菌丝会迅速生长，成为不可多得的菌中之花。对于其他庄稼来说也是一样的，一场雷雨，不啻于从天而降的肥料。

涉及到雷火震动的卦象叫做"雷火丰卦"，解释中有这样的话："丰，大也。

明以动，故丰。王假之，尚大也。勿忧宜日中，宜照天下也。日中则昃，月盈则食，天地盈虚，与时消息，而况于人乎，况于鬼神乎？"大体是说，盈虚之间、满亏之变，是种规律，天地尚不能避免，何况人呢？天地盈虚传达出一种消息，人就应该得消息而动，在该努力时尽量地累积，才能应对未来的虚耗。所以，惊蛰，与其说惊的是百虫万兽，不如说是在催人奋进啊。

　　这种天地大义，让我想到了天地间的茶，更加自然的茶。记述这一节气我饮用的茶，两款都是绿茶，一款是连皇帝都念念不忘却只能品尝到陪贡茶的蒙顶甘露，一款是通过欧盟农残检测的纳雍绿茶。

蒙顶甘露：蒙山顶上一枝兰

我从不吝啬表达我对成都的喜爱，以至于我在成都安了一个家。我的青年时代工作地和生活地无法真的同步——北京进不来，而故乡又回不去。内心当然充满了感伤，在青年时连根拔起，往往预示着在老年无枝可依。索性，便放眼全国吧。开始的家从太原搬至大理，为了父母养老；后来又从大理搬到成都，是为了女儿能够上学，而我的户口从太原迁到成都相对容易。人活到中间，当然考虑的不是老的就是小的。

对成都的喜爱其实不完全是所谓的休闲，而是感于整个成都平原的接纳性。成都和我工作的北京甚或曾经为家的大理，有着相同的地方——比如悠久的历史，相对完整的孑遗，以及在现代和古迹中随时的变换，你看，从春熙路到武侯祠不过十几分钟的车程罢了；但是又各有特质——大理是偏于一隅的明艳，而北京是表面的大气骨子里不可抹去的优越基因，成都却是如此可爱，可爱到平民亦能有自己花钱不多却同样安逸的生活。在中国的大都市里，还没有哪个像成都这样，如此为普通民众撑出一片生活压力不大的天堂。

出于工作的需要，我多次从北京飞到四川，然后从成都坐车一路向甘孜奔去，伴随我的除了同事，就是奔流不息的大渡河。回程的时候，有了心情去观察，气势磅礴的河水，在康定咆哮不已，在泸定声势震天，拐到雅安的时候，却安静极了，水色也从黄色变成碧绿，路程再变，又看到静静流淌的青衣江，我知道，雅安是个风水宝地。

因为塌方，我们穿雅安而过，影影绰绰望见了蒙顶山，可是因为赶路，不可能停留。即便从雅安兄弟友谊藏茶厂门口路过，也无闲暇拜访。一路紧赶慢赶地回到成都，住下来，随便走走，在和境茶社歇脚，却成就了一段我和蒙顶甘露的缘分。

蒙顶山产的茶，书上说得多的是蒙顶黄芽、蒙顶甘露和蒙顶石花。黄芽是黄茶，石花和甘露是绿茶。因为市场的原因，黄茶现在品种稀少，品质也普遍下降，连带着我对蒙顶甘露也不怎么重视。看到茶师给我泡蒙顶甘露，我连自己的随身茶盏都没有拿，就用茶社里的杯子随意喝一口。

呀，怎么这么好！是特别悠长的香气，初始是自然的青叶的味道，慢慢地品出来是兰花特有的浓郁的令人舒畅的香气。兰花之所以高妙，是因为在山间啊，而这蒙顶甘露也如兰花一般吸收天地灵气，才舒展出这样一种高妙之香吧。

品了几泡茶汤，赏干茶，干茶倒是浓郁的果香，蜷曲着，附有浓密细小的银毫。再看叶底，并不十分翠绿，虽不经过闷黄，却也比其他绿茶颜色偏黄些，都是细嫩的茶芽，闻起来还是冷冷的兰香，让人舒展了一室一心的惆怅。

茶缘即人缘。因这一碗蒙顶甘露，我和茶师攀谈起来，才知她是这家茶社的老板。在成都宽窄巷子旁这样的地段开店，没有些斤两是很难支撑的，老板看来年纪虽然不大，却温柔中透着利落，泡茶讲茶自有一番态度，很是难得。我就这样认识了罗妮，也因而在后来得以一起去蒙顶山访茶。

初上蒙顶山，事事都是新鲜的。蒙顶山的茶是老川茶种，据传是西汉时甘露普慧禅师吴理真 ❶ 亲手栽种。吴理真在上清峰栽了七株茶树，蒙山茶都是这七棵茶树的后代。唐玄宗天宝元年（公元 742 年），蒙顶茶成为贡品，作为土特产入贡皇室。作为贡茶，蒙山茶贯穿了中国的整个封建时代，直到清朝，蒙顶茶仍然是皇室祭祀太庙所用之物，"皇茶园"所

---

❶　出处为成书于清道光丙午年（公元 1846 年）的《金石苑》之《宋甘露祖师像并行状》。《行状》原文："师由西汉出，现吴氏之子，法名理真。"但因此文不能作为证据文献，故而应当做传说看待。

产茶叶，是天子用来祭天的，即使皇帝也不能饮用，而皇茶园外出产的茶叶作为副贡和陪贡，皇帝才能品饮，也很难得赐给重要的大臣。

那一次的蒙山之行，我对蒙顶甘露有了更为直观的认知。在蒙山的千年茶树王旁俯仰天地，对人在草木间有了更为深刻的理解。而在那之后，我又陆续接触了化成寺禅茶以及不少四川茶人，都是蒙顶甘露带来的回响，这一切于我，始终心有感触，念念不忘。

纳雍绿茶：干净的味道

我喝过的贵州绿茶不多，都匀毛尖、贵定云雾和湄潭翠芽三种而已，然而对贵州绿茶印象不错，尤其是湄潭翠芽，作为细嫩的茶叶，不仅初喝清鲜馥郁，即便放了几年，也能有不错的口感，这说明内容物很多，保存得当，亦有品饮价值。

选用"自嘉"茶做试饮活动，出于两点：一是纳雍绿茶我没喝过；二是自嘉茶的纳雍绿茶通过了瑞士 SGS 的 EU87/2014 版标准的农残检测认证。每个人都有每个人的成长轨迹，一个人的经历给一个人很大的影响。我 1997 年大学毕业干的第一份工作是酒店，酒店当时搞 ISO9001 认证，认证公司就是瑞士 SGS。那次认证教会我很多，尤其给了我系统管理的思维理念，也让我对 SGS 严谨的标准和认证流程印象深刻。能通过 SGS 的认证，是一个非常有力的信任背书，尤其是 EU87/2014 这个标准对茶叶特别是中国茶叶有更为重要的意义。

EU87/2014 是欧盟 2014 年对于茶叶农残要求的新标准。农药残留，是中国茶叶的软肋所在。资料显示，2014 年我国输欧茶叶被欧盟通报 18 批，农残超标是主因。而我国的茶叶农残检测共 28 项，比发达国家少得多。至于茶叶生产标准，只相当于欧盟、韩国、日本 20 世纪七八十年代的水平。自嘉茶的纳雍绿茶通过了 EU87/2014 标准的 191 项农残检测，这是非常不容易的。

食品安全是个底线，在这个最低标准的基础上，茶叶的味道就很重要了。虽说"各有各味、适口者珍"，然而好山好水出好茶，总归来说是不错的。纳雍，县名，属于毕节地区，位于贵州省西北部，因纳雍河而得名。纳雍盛产一种黑色的大理石，称为"纳墨玉"。产茶区植被多样，海拔在1800米以上。这些因素具备了出产好茶的地理条件。

历史上，纳雍也出过土贡茶，虽然不是朝廷指定，但是水西地区会将纳雍姑菁村的茶叶纳奉清廷。在明朝水西地区曾经出过大名鼎鼎的人物，就是电视剧曾经上演的奢香夫人。不过关于姑菁茶的历史记载不是特别清晰，大体上来看，它应该和今日绿茶制法不同，是使用当地中、大叶种茶，炒青后再日晒或者炭烘干燥，然后再淋水复炒，至干最终成茶。而且据说姑菁茶选料较为粗老，只熬煮不冲泡，也有一些后发酵的过程，那应该类似于普洱茶了。康熙年《贵州通志》记载"平远府茶产岩间，以法制之，味亦佳"，这个"平远府茶"，应该指的就是姑菁茶。

我品饮的纳雍绿茶是独芽茶，炒青工艺，三万多个芽头制成一斤茶。干茶色泽翠绿，带有鹅黄，芽头如小笋，有炒板栗般的浓郁香气。我想了想，不想把茶闷坏，干脆用碗泡法吧。选了一个日本洸琳窑的汲出揃，冲了80℃左右的热水，静静等着。待得茶汤泛绿，用木勺推开茶叶，将茶汤倒在厚白瓷匀杯里，再转入品杯里，静了静，喝一口，嗯，清鲜的味道，略略有些苦，再喝一口，有些类似西湖龙井的味道，但是浓郁得多，直白而强烈。香气也转变成了炒豆香，茶汤是顺滑干净的。又泡了两遍，茶汤内质稳定，不太舍得直接丢弃，又用开水高温冲泡了一次。浸泡时间也长了一些，有些茶芽居然还能在碗中直立。再喝，基本没有苦味了，是明显的甘甜，"苦尽甘来"。

喝罢细看叶底，饱满莹润，深嗅，有轻微的草叶香气。这是一款干净的茶啊，直白质朴地传递春天的消息。

春分

　　春分是春季里的第四个节气，每年的公历大约在 3 月 20 日。《月令七十二候集解》："二月中，分者半也，此当九十日之半，故谓之分。秋同义。"《春秋繁露·阴阳出入上下篇》说："春分者，阴阳相半也，故昼夜均而寒暑平。"因此，春分实际上包含两个意思：一是春分是春季九十天的中分点，平分了整个春季；二是春分当日白天和黑夜均分，各为十二个小时。

　　到了春分，我们才能真正感受到春天的气息：气温大都稳定在 10℃ 之上，可以明显地觉知比冬季要暖和。春分的这种日夜均分，白天显示天道向下笼罩大地，夜晚昭示暖意上升蒸腾，对应于八卦的天火卦象。天火卦上卦为乾为天为君王，下卦为离为火为臣民，上乾下离象征君王上情下达，臣民下情上达，君臣意志和同，这是同人的卦象。因而天火卦也是同人卦，或者叫做天火同人卦。同人卦："同人。同人于野，亨。利涉大川，利君子贞。象曰：天与火，同人；君子以类族辨物。"这个卦对于农耕文明的我们来说很好理解，就是要在春分时节，不浪费一时一刻天时之利，超越个人、家庭、村落乃至族群的局限，齐心协力把农活完成。同人，就是同仁之意，和谐大同的发展，才能获得真正的成果。

　　昭告这一天时的就是燕子。春分三候第一候就是"元鸟至"。元鸟，就是我们所说的燕子。中国的古人认为"元鸟司分"，就是说燕子来定春分、秋分。而民间更为直接，他们认为燕子不在谁家做窝，就说明这家人不够善良。今天在城市里我们已经很难见到燕子的踪迹，更别提在楼房里见到燕子窝了，可见，整个城市对燕子是不够善意的。

　　"燕"字在小篆里是廿、口、北、火的组合，可以看出是非常形象的。

廿是燕子的头，雏燕从出壳到能够飞翔是二十天；口是身，燕子呢喃传递天时；北是翅膀，燕子展翅仿若"北"形；火是尾，代表炎热。燕头冲北，春分北回，带来温暖；燕头冲南，燕子南归，带走温暖，天地就凉了。老北京爱扎一种传统风筝叫做"沙燕"，沙燕和家燕都是雀形目的燕子，不过沙燕体形比家燕大。老北京的沙燕风筝十分讲究，正面看的是形和画，背面看的是骨架。沙燕的头是燕子头的平面变形，它的眉梢上挑，两眼大而有神，大翅作对称半幅长椭圆形，尾巴作对称剪刀形，形体特征十分突出。在沙燕的膀窝、腰节和前胸、尾羽等处往往会绘以蝙蝠、桃子、牡丹等吉祥图案，以寓意着幸福、长寿和富贵等美好的愿望。骨架是要求不能包起来的，必须露出，一方面展示制作时竹子柔韧、纤细的工巧，一方面显示出"燕"字十分形象的廿、口、北、火组合。这样，人们赋予了沙燕风筝新的精神，展示了春分之鸟五彩缤纷、生动活泼、向上而同的寓意。

　　这次春分，我选择了两款茶都是生普，而且都是山野气十足的生普，充分配合春分积极向上的气场。

曼松茶：甜润暗香的桃花源

张云川兄经常会给我弄点好茶，他是云南人，自然大多是普洱茶。2006年我第一次在腾冲喝到刮风寨，是老张的功劳。这次他寄到北京来的除了照旧的易武生饼，还有一个小饼是曼松茶。

曼松茶一直是个神话。

为什么这么说？因为曼松茶在历史上是真正的贡茶。曼松现属倚邦象明乡，而早在明宪宗时就被指定为贡茶，由当地的叶氏土司和李姓头人办理。到了清朝，出现了官府指定的贡茶园，茶品种有芽茶、蕊茶、女儿茶等。《红楼梦》第六十三回中写道："宝玉忙笑道：'……今儿因吃了面怕停食，所以多顽一回子。'林之孝家的又向袭人等说：'该焖些普洱茶喝。'袭人晴雯二人忙说：'焖了一茶缸女儿茶，已经喝过两碗了。'"这里提到的"女儿茶"其实就是一种普洱茶，是由云南上贡清皇室的贡茶之一。

当时曼松茶园面积比较大，主要的三处是王子山、背阴山和一处靠近曼腊傣族村寨附近的茶园。然而到了19世纪中后期，六大茶山开始衰落，先是发生云南各族反清起义，这期间茶叶内销通道基本中断，茶区开始衰落。后来法国人又侵占印度支那地区，禁云南茶，六大茶山外销也受阻，茶农不得已开始外迁，茶号也纷纷倒闭或外迁。同时倚邦土千总与普洱道尹发生矛盾，对茶山衰落产生了直接影响。这期间易武取代倚邦成为六大茶山的中心。之后十多年烽火连年，加之疫病流行，六大茶山进一步衰落，更多茶农外迁，茶号歇业。而1942年的攸乐起义，倚邦古镇在一场烧了三天三夜的大火中几乎全毁。人既流离，茶复何香？

新中国成立后，茶叶统购统销，六大茶山只生产原料，不少茶山开始改为种粮、种植橡胶，茶区丰富的植被生态圈被彻底破坏，很多古茶树也被挖或被火烧死。曼松，这著名的贡茶之山仅剩古茶树一二百棵，并且还有一些融入了莽莽山林之中。21世纪初期，曼松的高杆古树能见到的也就六七十棵，年产茶叶不到二百公斤。所谓市面上能见到的曼松茶，别说古树料，就是后来慢慢栽种的乔木型茶树料那都是既贵且看缘分的。

我捧着这饼曼松茶，拆了大半送给梁姐，剩下四五泡给自己。每一次品饮前，都不禁心生悲哀——茶山的风雨飘零，茶人自是感同身受。曼松茶是标准的中叶种，条索黑亮秀气，开汤后，汤色黄亮带有翠色。曼松茶最为令人印象深刻的特点是"甜润"与"暗香"。曼松茶入口比较甜，不像一般生普洱入口会有带着草叶气的涩。然而过一会，喉头仍是甜的，我感到惊诧：为何入口甜，又有如此的回甘？而不是苦尽甘来？细想来，原来这不是回甘，是持久的甜润啊。甚至也许不是真的甜，而是如泉水般的润泽带来一种"甘"的感受。而曼松茶的暗香，是一种不张扬的香气，却始终都在，尤其前几泡，非常的平衡。这种香，我不想用词汇去描摹，因为它给我忘言的宁静。

我们泡茶时，手、眼、耳、鼻，一切都异常活跃——手要执壶，眼要看茶，耳听铁壶中声声水沸，鼻子不放过嗅闻任何一缕茶香，可是我们却获得了内心的宁静，这是茶的神奇之处啊。曼松茶同样是神奇的，它富有层次、不断变幻、细腻婉转的香气，让人着迷，在这个过程里我的内心充满了宁静。这种静，有那么一瞬间，让我完全抛开了自我，只是单纯地去感受曼松茶的美。在那一瞬间，是禅，虽然当我说出写下，禅已经远去，然而，那种单纯的境界，却近乎抵达触及禅悟的边缘。这是好茶的功劳。

我并不想神化茶。茶道经由茶开启，然而"道"始终由人去创造。很多时候，一杯好茶，让你返视内心，慢慢去发现内心的桃花源。

我想，这点，曼松茶做到了。

品味贺开

还记得 2011 年那次去丽江，随身带了春采的贺开生普。难得在丽江选了一家高处的客栈，有文艺气息而没有沦为艳遇之所。早上在鸟鸣声里醒来，才刚刚七点半，古城还没有陷入喧嚣，阳光倒是已经很耀眼，高原的特点就是如此——强烈的紫外线、干燥而清爽……

客栈有个小型的茶室，茶室里只有我一个人。静静地烧水，看着对面屋顶上一直踱步的猫。高原烧水不易开，趁此便认真地检视茶。贺开也叫曼弄，称呼的不同罢了。市面上听说有人用贺开茶混充易武茶，其实如果能混充便也不错，起码说明贺开茶不会差到哪里去，否则，都像李逵几下就弄死了李鬼，这茶叶市场怕也早就清明如水了。贺开茶山的古茶园是西双版纳所有的古茶园中连片面积最大，且最具观赏价值的古茶园。因为当地的拉祜族同胞特别喜欢靠近森林居住，他们的茶树种植在森林中，他们的寨子建在茶园里，形成独特的茶林寨。他们白天伴着茶林劳作，夜晚在习习茶林风中入睡。站在木楼之上，有的茶伸手就可以采到：生活得自然而充满茶香。

高原上的水即便烧开了也达不到 100℃，发酵类的茶就很难把茶性完全地展现出来，幸亏是生普。贺开的干茶，俊秀而挺拔，有着细密的茸毫。乌黑间或有着黄绿的色泽，细细嗅着是青青的茶香。便选了茶室里常见的白瓷盖碗，试茶的时候不容易吸味。温盏、置茶、冲水、润茶、再泡、刮沫、出汤……泡茶的流程不管复杂还是简单，你自己习惯了，总有你自己出彩的泡法。

呀，真的是好茶呢。倾出的茶汤，是有质感的黄，仿佛浮在琉璃中的琥珀。空气中有果胶般的香气，入口是顺滑的苦，然而化得很快，在喉咙里迅速泛出淡淡的甜。

喝了前几泡，客栈的工作人员起床了。旅途中的人往往跳脱出固有的圈子，便也不设防，更容易与人接近。我客居云南多年，自然与云南人格外亲近。不多久，与客栈的工作人员便熟了，他的称呼是"小小木"。"木"是丽江的大姓，不是说姓的人多，而是木姓者为丽江土司的后人。"木"，倒也和茶真的有缘，"茶"就是人在草木间嘛。

小小木喝完茶，爱把杯子搓来搓去放在鼻子下闻。我久已经不闻杯底香，突然也童心大发，学着他闻了起来。真的是类似易武茶的香气呢，淡淡的脂粉香。不过好像别有一股山野气，想来，贺开茶是山里天资美丽而又不受约束的野姑娘吧。小小木说自己不懂茶，其实后来我看他用我的贺开茶放在烤茶罐里在火盆里烘焙，直接做了烤茶给我喝，手法是很熟练的。原来他习惯喝烤茶，倒觉得我泡的茶算淡了。喝茶、聊天，过了一个上午，吃午饭前收拾叶底，是柔嫩的大叶，叶片的边缘略有红，也偶尔看到几个焦点。无他，生普洱，大多皆如此。

这个春分，我再泡饮贺开生普，总是会想起原来贺开茶也可以变得浓烈煞口，可惜，我已经很久没喝过烤茶了。

注：烤茶是滇西北人饮茶的一种方式。烤茶有清心、明目、利尿的作用，还可消除生茶的寒性。烤茶的方法是：先将特制的小土陶罐放在火塘边或火炉上，待陶罐烤热后放入茶叶，然后不断抖动小陶罐，使茶叶在罐内均匀受热，直到烤到散发出微微焦香，此时将少许沸水冲入陶罐内，只听"嗞"的一声，陶罐内泡沫沸涌，直至罐口。待泡沫散去后，再加入开水使其烧涨，即可饮用。饮之极苦，然而过一会会觉得回味无穷，润人肺腑。烤茶冲饮三次，即弃之。若再饮用，则另行再烤。如来客甚多，每人发给一个小陶罐和杯子，自行烤饮。

清明

清明

既清且明

Pure Brightness

　　清明节，听名字，就是一个非常美好的节气。《月令七十二候集解》里说："清明，叁月节。按《国语》曰，时有八风，历独指清明风，为叁月节。此风属巽故也。万物齐乎巽，物至此时皆以洁齐而清明矣。"天地万物到了清明节，都洁齐而清明，这是多么让人兴奋的通透啊。

　　这种通透化成一种莫名的兴奋和躁动，让人们充满了出游的欲望。因为日期相近，清明节这个天文的节气，最终与民俗联系在一起，与上巳节、寒食节初期相连，中期相融，而明清之后，上巳节、寒食节基本衰减，只有清明节保留了三节的内容而独自流传。

　　上巳节其实是为了纪念我们华夏共祖之一的轩辕黄帝。上巳节是农历的三月初三，是黄帝的生日。上巳节虽然是个纪念之日，但对于民众来说却是充满欢乐的。孔子曾经借由对曾点的赞叹来表达自己的生活情致，相关的记载出现在《论语·先进篇》中。当时情况应该是子路、冉有、公西华先后谈了自己的志趣。然后孔子接着问曾点："点，尔何如？"（曾点，你怎么样？）曾点回答说："莫春者，春服既成，冠者五六人，童子六七人，浴乎沂，风乎舞雩（yú），咏而归。"意思是：暮春三月，穿上春衣，约上五六个成人、六七个小孩，在沂水里洗澡，在舞雩台上吹吹风。一路唱着歌回家。那就是很好的生活了呀。孔子听后，赞叹一声说："吾与点也！"（我赞同曾点的主张呀！）借此鲜明地表达了自己的生活情趣。这段文字，其实正式描述了上巳节的相关场景，是一幅画面感很强的春日郊游图，呈现给我们生命的充实和欢乐——阳光下，春风里，人们沐浴、唱歌、远眺，无忧无虑，身心自由。这里面后续的美好都是在沐浴的基础上发生的。上巳节的沐浴是正式地记载在《周礼》之中的。《周礼·春官》说："女巫掌岁时被除衅浴。"意思是：女巫职掌每年被除仪式，为人们衅浴除灾。郑玄注说："岁时被除，如今三月上巳如（到）水上之类，衅浴，谓以香熏草药沐浴。"就是因为清明期间，天地都清洁明亮了，人们也必须自净其身，方能内外清净。

人的身体清洁了，精神上就会有更高的需求，比如社会的需求，认识更多的人，组建家庭等等。比如农历三月的大理赶"三月街"。大理三月街这个风俗到今天已经绵延 1300 多年了，已经成为大理白族自治州的法定假日。全州放假五天，此时各方宾客接踵而至，人山人海，从大理古城西门沿着通往会场长达一公里的大路两旁，长棚一排排，商铺云集，货物琳琅满目。铺天盖地的人流，在货架前讨价还价。富有特色的文娱活动也让你心里痒痒，赛马、射箭、摔跤、射击、武术、棋类、球类比赛，大型民族文艺表演、民间文艺调演、耍龙舞狮、鹤蚌马象、霸王鞭、烟盒舞等等欢歌动天。

"大理三月好风光，蝴蝶泉边忙梳妆"，像这歌声一样，我这个清明节选的茶要么淡雅清新，要么欢快隽永，一碗清茶下肚，更见天地通透。

师父送的天台黄茶

我的佛学师父、中国佛学院的通贤法师，送了我一盒天台黄茶。我问师父：是浙江天台山的那个天台吗？就是天台宗那个天台？也就是国清讲寺所在的那个天台？师父说，是啊，就是国清讲寺的师弟送我的，我再转送给你，因为知道你没喝过。我说，师父啊，我正想请教"讲寺"这个是什么意思呢？师父解释说，以前的寺庙有很多分类，如果依住寺者而分，有僧寺、尼寺之别；如果依宗派和主要功能而分，则有禅院、禅寺，这是禅宗的；教院多为天台、华严诸宗的；律院属律宗的；而"讲寺"指从事经论研究的寺院，"教寺"指从事世俗教化的寺院，等等。你之所以听说过国清讲寺，是它乃是天台宗的祖寺，天台山风景也好，名声较大。

带着对天台山、国清讲寺的向往，我开汤品饮这盒天台黄茶。天台黄茶的干茶外形扁平光滑、状若雀舌；色泽鹅黄带绿。我第一次见到茶叶有这么明亮的黄色，甚至闪着一丝丝的金光。迫不及待地冲泡，汤色淡黄明亮，空气中弥散出板栗般的香气，也混合有淡淡花香和水果香气；喝下去感觉甘醇爽口，非常鲜爽舒畅，并且回味持久。

我心里想：这黄茶品质真好啊。过了一段时间，才发现自己搞错了——"天台黄茶"名为黄茶，实际是一种绿茶。是因为它的工艺都是绿茶工艺，但是茶树品种自然黄化。

据说项羽的谋士范增在天台山支脉寒山隐居时，房前屋后就种植有"黄茶"，这应该都是茶树变异、叶片颜色发黄的现象所留下的蛛丝马迹。

茶树也好，其他物种也好，在某个时间段内是以遗传为主的。但是从物种的长期发展过程来看，却是以变异为主的，如果不能变异则不能适应环境变化，对物种的发展是不利的。茶树的变异在稳定后，有的会产生遗传，有的不会遗传，所以我们把茶树的变异分为可遗传变异和不可遗传变异。可遗传性变异，主要是因应环境变化或者由有性繁殖引发。比如像安吉白茶、天台黄茶等等就是因为自然条件发生变化使得基因突变，导致性状变异；而像龙井43等，是因为杂交使得基因重组而导致性状发生变异。

天台黄茶茶树芽叶呈黄色、鹅黄色、淡黄色等颜色，加之品质上乘，仅氨基酸含量就是其他绿茶的四五倍，故而这也是它成茶鲜爽度高、长期储存品质维持良好的重要原因。我们今天喝到的天台黄茶是1998年时一位村民在天台山上发现后，将其作为母本，一步步增强和稳定其叶色特征，选育而成的良种。于2013年通过浙江省级林木良种认定并命名为"中黄1号"。

天台山我没有去过，不过看这盒天台黄茶，也能推断出那一定是个钟灵毓秀、水汽氤氲的洞天福地。师父把这承载了天台山灵气的黄茶送给了我，让我一下子回想起第一次跪拜皈依于他时的场景。师父赐我法号"道元"，是跟随了他沩仰宗法脉法号"衍道大兴"的次第，如同这天台黄茶一样，也是一种传承吧。

芥茶：对旧时茶事的温柔试探

在盛唐茶事里，法门寺出土的那套鎏金茶器让我窥探到了茶叶辉煌华丽的过往。那个伟大的朝代，孕育出唐诗磅礴的篇章和浩如繁星的诗人，孕育出敦煌飞天翩飞的裙裾，孕育出《霓裳羽衣》华美的皇家音乐，当然也孕育出茶事的圣人陆羽。

我有的时候会向往盛唐，那是一个包容、大气的时代，在这个时代里，不拘一格与华丽美好并存，仿佛不像我同样欣赏的宋代器物，那样精美、纤细，但是却缺乏豪迈的自信。我唯一内心诟病的是盛唐的茶事，那大约是一种菜粥的孑遗——所谓"吃茶"，是将茶与葱、姜、枣、橘皮、茱萸、薄荷等熬成粥吃，在唐代已经非常流行。陆羽在《茶经》中就记载了这种吃法。当配角太多时，不是对主角的看重，而恰恰是在打压主角。我为那些茶事中的茶叶惋惜。

那些令人怜惜的茶品中，就包括阳羡茶。阳羡，现在称之为宜兴，在古时，它以茶而出名；在今日，它以紫砂壶而备受关注。虽说茶与壶相辅相成，然而毕竟侧重点已有不同。宜兴的阳羡茶和长兴的紫笋茶在唐朝被同列为贡茶，宜兴与长兴一岭之隔，后来因为皇家的第一座贡茶院建在了长兴顾渚山，紫笋茶的名气才盖过了阳羡茶。先有阳羡后有紫笋，宜兴的阳羡茶是江南茶史的辉煌开篇。

在这辉煌的开篇里，顾渚紫笋的盛名穿透古今，在今天仍然名声赫赫，而阳羡茶已成为孤独的身影，遗世独立。当成都和境茶社的女主人罗妮送我一罐芥茶的时候，我看着这传说中尚未谋面的名茶，一时恍惚。

　　无论是阳羡茶，还是紫笋茶，生长于宜兴与长兴毗邻山坞的岕茶都与它们有着渊源关系，这种渊源，决定了岕茶是系出名门的真正名茶。明末四公子之一的陈贞慧在《秋园杂佩》中谈到岕茶："阳羡茶数种，岕茶为最；岕数种，庙后为最。"在中国的历史名茶典籍之中，没有哪一款茶品的光环可与岕茶相比。中国自汉代至清末，论述茶叶的茶书典籍约有四十多部，而其中论述岕茶的专著就有六部——明朝许次纾在《茶疏》中写过《岕中制法》，熊明遇有《罗岕茶疏》，周高起写过《洞山岕茶系》，冯可宾写过《岕茶笺》，周庆叔留有《岕茶别论》书名，清朝冒襄写有《岕茶汇钞》。

　　我从成都返京，第一件事就是冲泡岕茶。岕茶的干茶，色泽如玉。这种颜色不是翠绿，也不是银白，而是乳白的和田玉中闪烁着黄绿色的光泽。按照一般的绿茶瀹泡方法认真地冲泡，结果，却是一杯并不算出色的茶汤——在香气和回味上都差强人意。

　　我首先反思：也许，这不是我们现代意义上理解的绿茶？我是不是在泡茶手法上有什么问题，导致没有给它一个好的表现呢？岕茶的记载中，其实有一句话令人匪夷所思："立夏开园，先蒸后焙。"在今日的绿茶里，无论蒸青、炒青、烘青还是晒青，都不会有焙火的工序。清·冒襄《岕茶汇钞》中有较为详细的岕茶制作工艺介绍："数焙，则首面干而香减；失焙，则杂色剥而味散。"就是说焙茶不能一次速干，速干的是茶的表面，内部不干会影响茶的香气；更不能断火烘焙，断火失焙则茶叶味道就不纯正了。焙好后，要复焙，复焙要明火，而且是通宵进行，反反复复前后需三十多小时。这种制法其实更像乌龙茶。

　　既然岕茶不是一般意义上的绿茶，那么怎么喝？没有其他办法，接着翻书。明·冯可宾《岕茶笺》中说到岕茶冲泡："先以上品泉水涤烹器，务鲜务洁。次以热水涤茶叶，水不可太滚，滚则一涤无余味矣。以竹箸夹茶于涤器中，反复涤荡，去尘土、黄叶、老梗净，以手搦干，置涤器内盖定，少刻开视，色青香烈，急取沸水泼之。"那好吧，就这么办。用开水冲洗泡茶碗，再降温五分钟冲岕茶，随倒随出汤，然后轻轻按压茶叶，加一个小薄木盖子在茶碗上，放置五六分钟，加热开水，冲泡后，用银勺舀出茶汤。

呀，这才是真正的岕茶吧？那香气是郁香扑鼻。在茶品里我个人是比较偏爱兰花香的，岕茶就是清新持久的兰花香。然而比一般绿茶的香气更加有根基，类似道家所描述的清虚之气。仿若山间高岗，草木芬芳飘浮。再观叶底，绿中泛白，生机盎然。《洞山岕茶系》描述：一品岕茶为叶脉淡白而厚，汤色柔白如玉露，然也。

品味一碗岕茶，如同和明清时期的茶人一起感受茶中清欢啊。

谷雨

谷雨 归妹永终
Grain Rain

　　每年的谷雨大约在公历的 4 月 20 日。《月令七十二候集解》中解释谷雨说："谷雨，叁月中。自雨水后，土膏脉动，今又雨其谷于水也。雨读作去声，如雨我公田之雨。盖谷以此时播种，自上而下也。故《说文》云雨本去声，今风雨之雨在上声，雨下之雨在去声也。"在谷雨这个节气，基本上会出现每年的第一场大雨，也就是从雨水这个节气开始，大地上实际感受的雨水很少，更多的是天空在酝酿无形之雨，而到了谷雨这个节气，就从无形之雨到了有形之雨，这个过程就比较清晰了。所以，《群芳谱》解释的就很通俗易懂："谷雨，谷得雨而生也。"

　　在大时间的序列里，谷雨这个节气恰好在雷泽归妹的时空里。归妹卦泽上有雷，进必有所归，女子归宿，归家，回归。归妹卦，外出是不吉利的，不会有好处。"归妹"，历来皆将此卦解释为"象征婚嫁"。其实不完全正确。归妹这个卦象更多的是借喻，实际上是在讲办事急于求成之弊。《易·归妹》说："泽上有雷，归妹，君子以永终知敝。"实际上表明了一种人生态度——远离现实中错误乃至丑恶的陋规陋习，以正道而行，从而防止自己走向歧途，出现凶恶的结果。

　　谷雨有三候，初候，萍始生。古人进一步解释："萍，水草也，与水相平故曰萍，漂流随风，故又曰漂。《历解》曰，萍，阳物，静以承阳也。"也就是说，只要浮萍出现了，说明天地阳气已经完全确立，天气就比较暖和了，也不会再出现倒春寒的现象。二候，鸣鸠拂其羽。人们观察到布谷鸟开始梳理它的羽毛。因为谷雨是春季最后一个节气，阳气已经上浮，布谷鸟要拍振自己的翅膀，来应和天地阳气上浮，同时也在提醒农人要抓紧时间布谷春种。三候，戴胜降于桑。也就是说，人们看到戴胜鸟降落在桑树上。为什么戴胜鸟开始在桑树上出现？因为蚕即将出现，人们要抓紧时间养蚕、保护好蚕。

所以，谷雨这个节气的内涵十分重要，一方面它提醒人们此时要播谷、养蚕乃至婚嫁，另一方面实际也是在提醒人们若想长久，要看到很多现象，不要一味随波逐流，而更应秉持正道才能善始善终。

这次的谷雨节气，我特别选择了两款茶：一款是铁观音，一款是岩茶梅占。铁观音曾经在正味与消青之间反复，最终迷失了自己的特色。梅占是一种适制性很广泛的茶种。尝试其实本无对错，我们又该如何理解？也许答案皆在茶中。

寻找回来的铁观音

我已经很久不喝铁观音了。真的是很久——从第一次喝到的 1984 年到 2000 年最后一次主动去喝，到后来完全不喝，也已经过去 17 个年头了。我喝不了现在的铁观音了！这对于一个爱茶人来说，是一种怎样的苦楚？对于铁观音，苦就苦于，铁观音完全丧失了自己的特色，甚至抛弃了"半发酵"这个立身根本，一路向绿茶化而去，乃至乱象丛生。

铁观音是半发酵的茶，半发酵的意思是酶促氧化反应比绿茶多而又未到红茶的程度，那是一种高超而奇妙的平衡。早先我还喝过纸盒装的低档铁观音，可是在山西也不易见到，那还是类似棕褐色的干茶，球形也不那么圆润，有点条索蜷曲成团的感觉，浸泡的茶汤是黄褐色，香气浓郁而雅致。后来的铁观音受台湾茶的影响，轻发酵又基本不焙火，追求所谓的兰花香和青汤青叶。我喝了，不喜欢。那不是观音韵——铁观音特殊的层次丰富的香气因为语言难以描摹，是被尊称为"观音韵"的。甚至，那也不是兰花香。兰花香是变幻的香气层次，在某些时候散发出类似山间野兰的山岚之气。那就是一种类似青草沾了露水湿不漉漉的青臭气。除了气味不佳外，我喝了几次铁观音，都以拉肚子而告终。我知道，我和铁观音的缘分尽了。

据说这种所谓清香型铁观音是代表市场需求的，那我没什么话说——你不能以个人喜好而代替产业趋势。可是这个前提是倘若这个产业发展没问题的话。从 2013 年后，我已经明显感觉到我周边的人都不怎么喝铁观音了。是铁观音过气了？还是其他原因？一了解，都是说，铁观音没韵味，拉肚子，胃寒。再一了解产地状况，除了所谓的品牌公司，茶农普遍的状况是有的时候铁观音毛茶四五十块一斤都无人问津。

我应该发声，我必须发声。当铁观音沦落如斯，我们还无动于衷，那是对"茶人"这个身份的亵渎。我们必须明确地确立一个思想，那就是：铁观音的自然韵味，来自于合乎传统的精细加工。我不是一个"唯传统"的人，然而改变传统必须有更好的理由和结果。诚然一棵茶树可以制成任何茶类，但是我们应该明白铁观音是最适合制乌龙茶的。乌龙茶的基本内涵就是"半发酵"。半发酵铁观音的特征就是干茶"蜻蜓头、蛤蟆背、田螺尾"，汤色琥珀金，叶底"绿叶红镶边、三红七绿"。香气复合、高妙，有底蕴，汤中含香，香不轻浮。我们不能再在短期经济利益的迷雾中自乱阵脚，而是要保持好向左走、向右走的中庸，把铁观音寻找回来。"向左"，是恢复茶的传统制法，回归铁观音"柴米油盐酱醋茶"的生活性；"向右"是思索茶产业与自然生态的联结，深化整个产业链（茶庄园、茶旅游、茶健康、茶护肤等等），而不是在茶本身上折腾不休。

我不是制茶的人，然而，就我对铁观音的了解，我觉得这个传统工艺就是"摇青到位，充足发酵，及时杀青，适当烘焙"。铁观音的制作工艺，大体上应该包括：采摘、做青、发酵、杀青、包揉、焙火。采摘鲜叶，露水散尽即可，然而中午十二点到两点间最好，此时光合作用最为活跃，采摘的鲜叶称之为"午青"。鲜叶要均匀、蓬松地放在茶篓或者茶袋中。接下来做青分为三步：晒青、凉青、摇青。晒青最好使用日光萎凋，之后摊晾、走水，再摇青以达到茶叶边缘破碎、茶汁披覆，强化酶促氧化反应，形成香味体系。摇青通常四次：一次摇青使茶青均匀，二次摇青令水分合适，三次摇青为了香醇，四次摇青形成观音韵。但这个看青做青，具体状况不同，次数不同，手法不同。手法不同，香气不同。做青后，给一段时间让茶青发酵，发酵应该充足。不是渥堆发酵，渥堆更多的是厌氧菌群参与发酵，而铁观音需要氧气充足的氧化反应。发酵到一定程度，铁观音内质醇厚了，及时杀青，通过炒锅高温炒制，终止酶的活性，终止氧化反应，香味基本定型。之后揉捻做铁观音的外形，用布袋包揉，揉后打散复揉五次以上。之后用电箱或者炭笼，初烘、复焙，与包揉交替三次。及时的杀青，让铁观音不向红茶而去，焙火是外因促进内质形成最终的综合韵味。这种铁锅杀青、炭火烘焙、茶青参与、水分变化形成的金、木、水、火的神奇变化，最终形成"观音韵"。

这个铁观音的"小五行"里，缺"土"。土就是我们生长的土地啊。不仅仅是茶树，更重要的是人的生长。我们曾经把土地当成我们的附庸，用茶叶等作物、用化肥、农药等去向她无节制的索取。实际上，人和茶一样，都是土地的一部分而已，你对土地不好，茶就不好了，茶不好，人自然也不好了。我在茶友拍摄的照片上看到，安溪茶园的土地很多直接裸露，山峡中只看见一层一层的茶树，其他的植被很少。即使是茶树，老的也不多。因为新茶树的草叶香会更大，三四年的茶树即被淘汰，换成新树。如此循环往复：生态破坏、地力透支，铁观音的内质自然越来越差。

聊以安慰的是，安溪现在有一批茶人同样意识到了这个问题。我尝了张碧辉老师的焙火铁观音。张碧辉老师提倡自然农产，坚持恢复地力和使用传统的铁观音工艺。这罐铁观音，香气雅致，入口温润，茶汤稳重，可惜觉得韵味还是有差，干茶没有白霜，叶底红斑少见。揉了揉叶底，弹性已经比一般铁观音好，然而仍然削薄。这也是地力不够的问题吧。

土地的伤口岂是那么容易抚平？然而毕竟已经有人在努力修复。从这个意义上来说，我要向张碧辉老师、罗妮等等这些真正的爱茶人致敬。也许找到传统铁观音的滋味还需要十年、二十年，但是毕竟我们都已经在路上，在寻找铁观音的路上，总有一天，我们，会找回真正的铁观音。

岩茶梅占：梅占百花先

梅占，是昆曲的一个曲牌《大红袍》的第一句中就出现的词汇；是八卦象数的一个著名的梅花占卜的卦例；是春联中的常用语；也是乌龙茶的一个品种。

梅占从来就不是一个特别名贵的品种，甚至有点人云亦云、身不由己。它可以制成乌龙茶，原产安溪芦田，大约于 20 世纪 60 年代引种到武夷山，所以梅占乌龙茶有类似铁观音的，也有属于武夷岩茶的；它可以制成绿茶，白毛猴也算地方名茶；它可以制成红茶，香气高扬如兰花，可惜也不算一线产品。

我还是很喜欢梅占的。梅占的得名，比较靠谱的推论有两个，一个是其花如蜡梅；另一个是来自常用的对联"春为一岁首，梅占百花先"，此茶有百花之气，尤其有兰香和梅香交织，故名"梅占"。

我最早接触梅占，应该是在大理，当时武夷山的一个从未谋面的朋友"破水"，从武夷山寄来矮脚乌龙、老丛水仙等茶品，其中也有梅占。一晃五六年过去，我在郑州出长差，和郑州的茶友们茶聚时喝过一回。又一晃五六年过去了，我出差路过武汉，从西江耀迦那里直接拿了两泡回来——这次，终于可以一个人安安静静地和梅占在一起啦。

特别选了自己珍藏的九谷烧茶器。"九谷烧"是彩绘瓷器（"烧"是日文中陶瓷的意思），因发祥地日本九谷而得名，距今已有 350 年历史。明朝末年，中国彩绘瓷器传入日本，受到当地人民的喜爱，并得到迅速发展，因而日本彩绘具有浓郁的中国风格。我的这套九谷烧茶器，是小巧的釉里金彩，写有中国传统诗文，浓郁艳丽的金色和绿色色调相互映衬，既华贵又雅致。用了桶装矿泉水，烧开后先温壶，趁着热气置入干茶，逼出香气。呀，是好闻的青梅和茶香交织，也有一丝淡淡的火香味。干茶乌褐中带绿，虽然谈不上油润，却有不太明显的霜和红褐的斑块，条索紧结弯曲，是典型的岩茶风格。待到冲泡出汤，汤色浓重金黄，清澈明亮，衬在色调并不纯白而是浅黄质朴的茶盏之中格外厚重。第一泡还带有淡淡的火香和不明显的酸味；二泡之后火香消失，酸味升华，百花齐开，而且香气清雅持久，不张扬又很特别。轻啜几口，不涩不滞，茶汤顺滑，不寡淡而又能显现细腻水路。连续出汤几壶，各泡之间茶汤保持得比较稳定，第七泡之后明显转淡。叶底绿润，红色斑块也比较明显，均匀明净，柔软匀整，也有淡淡的香气。

　　梅占是小乔木，因而树龄较老的梅占会比较高大，高者可达 1.6 米。虽然不显其名，然而多年来一直品质稳定，也是幸事。

立夏 天地通泰 The Beginning of Summer

　　立夏，是夏天的第一个节气，通常都在每年的公历5月上中旬。古人称"斗指东南，维为立夏，万物至此皆长大，故名立夏也"。然而，人们的感觉似乎相较节气而言慢半拍。通常人们认为的夏季是公历的6、7、8月。虽然立夏了，可是似乎天气并不炎热，像中国东北、西北的部分地区似乎还可以说是凉爽、寒冷。其实这正是古人对于天、地、人三者把握的高妙之处，对天文时间、地球生物时间、人文时间三个系统相互影响作用的关系理解深刻。每一次变化，都是从天文开始，累积到一定程度，地球生物率先反应，天地出现了一次相互作用，再累积一定程度，人类作为百灵之长产生了认知感受，并把这种感受反映到了文化之中，来指导人类社会的整体运行。这就是天文时间、地球生物时间、人文时间的先后协从关系，老祖宗用了一个非常有人文色彩的词汇来讲，就是"法天象地"。

　　法天象地，是指天道运行规律，而天、地、人三个小循环，是通过天道循行来形成一个大循环的。那么立夏这个节气，正是天道投射到地与人的一个庞大影像的开始，我们的先人们形容这个节气的天道是"天地通泰"。进一步的来说，这个天地通泰投射到人文的意义又是什么呢？中国古代有一本讲训诂的书叫做《方言》做了很好的解释。训诂，用现代汉语说，"训"，就是用通俗的话去解释某个字的字义；"诂"，指用当代的话去解释字的古义，或用普遍通行的话去解释方言的字义。《方言》是西汉扬雄所著的一部训诂学的重要工具书，也是中国第一部汉语方言比较词汇集。这里面就说："自关而西，秦晋之间，凡物之壮大者而爱伟之，谓之夏。"意思是凡是壮丽的事物以及伟大而博爱的人，都称之为"夏"。结合起来说，立夏这个节气给了我们秩序感、责任感的要求，也就是天地都在壮丽生长，人们也必须努力学习、认知，当你成长起来后，不是独善其身，不是看别人笑话，而是要有责任主动付出、主动授教、主动布施，这才是真正的天道。

所以佛教为什么一进入中国就能迅速扎根并且发展壮大？那是因为佛教的基本思想和中国的文化是一致的。佛陀在菩提树下证悟，达成不生不灭、觉知一切的大智慧，但是又回到尘世教化众生，这是一种博爱，也是一种担当，由人道顺应天道，也是真正的布施，是一种给予、付出的精神。

这个立夏，我选择了两款不常见的绿茶。一款是比明前茶还要早的元宵茶，一款是遮蔽阳光直射方得真味的星野玉露。就在这样的茶香中去感受天地通泰吧。

霞浦元宵茶：波澜壮阔终将不敌清浅和风

我有个小兄弟雷雄在宁德开办茶叶公司，他是个有想法的人，对于中国茶叶是真的热爱，而又觉得按目前的销售理念和办法前路狭窄。我们互动较少，然而彼此关注。一日，他忽然说送我点茶尝尝，不几天就到了，除了老白茶，还有一盒"霞浦元宵茶"。雷雄说是社前茶。社前茶是个什么概念？我还真不知道。不知道就问，雷雄说，就是春分前采摘的茶。明前已经是很嫩了，宁德近海，水汽蒸腾，茶树早萌，居然春分就能采了。

仔细查查历书，社前，原来是指"春社"前。古时立春后第五个戊日祭祀土神，称为"社日"。社日在立春后的 41 天至 50 天间，一般比清明要早一个节气光景。这种社前茶，十分细嫩，不可多得。唐时入贡的湖州笋茶就在社前采制。《苕溪渔隐丛话》说："唐茶惟湖州紫笋入贡，每岁以清明日贡到，先荐宗庙，然后分赐近臣。"从当时的交通条件看，要赶在清明以前，把紫笋茶从浙江湖州送到京城长安，采制至少要提前一个节气，亦即在春分时节了。

1981 年，福建省宁德市霞浦县茶业局从霞浦县崇儒乡后溪岭村"社前茶"群体品种中采用单株选种法培育出了"福宁元宵绿"，后被著名茶人张天福改名为"霞浦元宵茶"。

霞浦，霞光之城，浦上传奇。一个铺满阳光与晚霞的城市，一个东海之滨建立起来的传奇之地，一个风景如名字般美丽的地方。我没有去过霞浦，却看过不少霞浦的照片，尤其是霞浦杨家溪，茂林葱茏，民风有旧时风貌，仿若"海国桃源"。

此地之茶，想来不差，因为茶毕竟是个地力之物。放了几个月我才有时间品饮。打开茶盒，干茶倒没我想象的细嫩，色泽黄绿夹金，外形笋状扁平，很像是西湖龙井。闻了闻味道，居然也是淡淡的豆香。茶叶干茶不好分辨，但是"泡"是很好的办法。慢慢泡了开，一尝，味道其实还不错，香气高扬，但是这种香气已经开始变化，在豆香里慢慢嗅到了一丝海风的味道。接连两泡，香气都不错，但是已经完全变成草叶香。再泡一遍吧，香气、汤色衰减得非常突兀，清中留韵的感觉不够。再看叶底，已经变成肥大略微中空的笋芽，似乎有成长过快的感觉。也许换个比拟，更像看遍世间繁华的丽人，无所求，无所恋，放下香软，淡淡一笑，像三月里轻轻拂过面颊的清浅和风，恍惚间轻愁无痕，只留倩影天地间飘荡消散。

霞浦元宵茶，可能是采摘过早，地力累积不够，故而先是香浓，却很快衰弱，然而叶片已经不算细嫩，似乎又很难判定。其时想到，中国目前不怎么承认平和安定的生活是一种成功，只有拼抢的波澜壮阔才足以自傲。所以才看到那么多本应天地间自由玩耍的孩童，在努力地和睡神抗拒，鹦鹉学舌地念着 ABCD；高考过的学生，发泄般地撕碎书本，碎片漫天飞雪般洒落，成为应试教育的深深叹息。

我倒宁愿霞浦元宵茶做回自己，作一款低调的茶。平和宁静，没有岩石般的辛烈，也没有花香般的招摇，既不去拼岩茶刚烈醇厚，也不必仿龙井般清净平和，更不用媚俗去妩媚妖娆，在霞浦的晨光里，默默散发远离尘嚣、静寂无语的从容。传递给喝茶人的心平气和，最终会在心中流动出横斜的疏影，温雅的暗香，映着窗前清凉的月色，享受当下，哪怕片刻静如止水的温柔时光。

星野玉露：异国传来的茶香

明朝永乐四年（公元 1406 年），一日，在姑苏木渎灵岩山寺游学将近一年的日本高僧荣林周瑞禅师与寺僧们依依惜别，准备返回故里。回想几个月前，他从印度朝拜佛祖胜迹后，又不远千里来到苏州灵岩山寺，只为拜会曾应诏参加编纂《永乐大典》的灵岩山寺住持南石禅师，希望精进佛法。大师叮嘱他禅在生活之中，修行不离农桑。于是生性向往自然的荣林周瑞在灵岩寺住了下来，一面参禅，一面务农。最令他高兴的是，寺里有不少茶树，种茶采茶成了荣林周瑞最喜欢的劳作。今日他即将返国，南石禅师特意以灵岩山寺的茶籽和佛像经书相赠，愿佛法广为流传。

荣林周瑞禅师回到日本，见到九州岛八女市郊黑木町大瑞山，松木苍郁，岩石重叠，土地肥沃，便将茶籽就地种下。而过了 600 多年，这灵岩山寺茶树的后裔、一罐八女星野玉露静静地出现在我的面前。

星野村全名应该是"日本九州福冈县八女市星野村"。九州是日本第三大岛，位于日本西南端，福冈是它的一个县。日本的县市和中国的正好相反，县要大于市。日本的都、道、府、县是平行的一级行政区，直属中央政府，在它们之下，设有若干个市、町（相当于中国的镇）、村。福冈以茶叶著称，而最好的产茶地就是八女市，八女市最为高级的茶叶都产自星野村。

星野村在日本被称为最美丽的村落，得名于旁边的星野川。当地人对他们那里清新的空气和清澈的水源十分自豪，在如此干净唯美的地方，出产的茶叶是全日本最为高级的蒸青绿茶——星野玉露。

传统日本玉露必须选用不经修剪、自然生长 10 年以上的茶树，星野玉露每年立春后 88 天开始采摘。在采摘前大约 20 天，新芽刚刚开始形成，茶树就必须保持 90% 遮阴，茶园被竹席、芦苇席或黑网布遮盖起来。光线减少可以使小叶片具有更高的叶绿素含量和较低的茶多酚含量，茶多酚的降低，使茶叶的苦涩也降低，同时有利于氨基酸的形成，而氨基酸是重要的呈鲜物质。在广为使用机械采收茶叶的今天，传统的玉露仍然必须手工采摘。采收时将新鲜柔软的叶子认真采摘下来，被迅速运去工厂，使用蒸汽杀青，约蒸 30 秒以保持风味和阻止发酵，接着，用热空气使茶叶变软，然后挤压，干燥，直至其水分降到原有含水量的 30% 左右。接下来要揉捻，双手按压茶叶成团再推散，重复多次，使茶叶变成纤细暗绿色的针状，然后挑出茶叶柄和老叶，再干燥。由于遮阴会消耗茶树的能量，而逐渐恢复则需要一段时间，所以玉露茶一年只采收一次。

星野玉露的冲泡比较特殊，但总之都倾向于低温。打开封袋，浓郁的蒸青的清气扑面而来。用开水烫个大茶碗，放入一茶勺茶叶，杯子的热力发散了茶香，是一股浓郁的海苔和粽叶清香。当水温降到 40℃~45℃，缓慢注入到茶碗中，浸泡大约 2 分钟，就可以饮用了。依然是海风吹来海藻般的气息，又有隐隐的茶香；有少许的苦味和涩味，包容在浓郁的甜味中。休息了一会，重新烧水，到了 60℃~65℃，再次冲泡，大约 2 分钟，这次的感受是海苔味弱了不少，然而茶气有所上升，也出现了绿茶应有的苦感。继续烧水，水温在 90℃左右，进行第三次冲泡，浸泡 3 分钟左右，茶汤中出现了涩味，茶叶的精华已经全部浸出了。

玉露的精华在第一、二泡，我也曾经见过第一泡先用带有冰块的冰水浸泡 10 分钟出汤，再使用热水冲泡两遍的，都是出于对好茶的爱惜。我使用的是景德镇高岭土烧制的直身瓷碗冲泡的，星野村自己还生产漂亮的陶器，叫做"星野烧"，想来用来泡星野玉露，也是极好的。

小满 小得盈满
Lesser Fullness of Grain

　　二十四节气里，大小一般都是相对的，比如小暑、大暑，小雪、大雪，小寒、大寒，唯独只有小满，没有大满。这是中国人的处世情志，也是甚为高明的哲学。

　　《月令七十二候集解》说："小满，四月中。小满者，物至于此小得盈满。"小满是两个字，中国很多的两字词，重点都是第二个字，例如太阳、美好、风雪……所以我们先说第二个字"满"。满是我们很在乎的一个状态，比如满足、满意、饱满、美满、琳琅满目、满载而归，都反映了人们对"充足盈满"这么一个状态的追求。满是生长的结果，因而小满是反映生物受气候变化的影响而生长发育到一定阶段的一个节气。从小满开始，中国的大部分地区开始真正地进入夏季，天地之间热气蒸腾，生物迅速地生长。这从农事活动变得异常繁忙也可管窥一斑。江南地区的农谚说："小满动三车，忙得不知他。"这里的三车指的是水车、油车和丝车。此时，农田里的庄稼需要充裕的水分，农民们便忙着踏水车翻水；收割下来的油菜籽也等待着农人们去舂打，做成清香四溢的菜籽油；田里的农活也自然不能耽误，可家里的蚕宝宝也要细心照料，因为小满前后，蚕就要开始结茧了。结了的茧不能等蚕蛾从里面破茧而出，那样蚕丝就被破坏了，所以养蚕人家忙着摇动丝车缫丝，即先把蚕茧放在开水中汆烫，然后抽出丝头，用丝车拉出丝线。《清嘉录》中记载："小满乍来，蚕妇煮茧，治车缫丝，昼夜操作。"所以此时的农事，翻水、榨油、缫丝都是不能等的，非常得忙碌。

　　大自然如此，人本身也如此。人体的生理活动在小满节气期间处于最为旺盛的时期。这种旺盛生长，是以消耗更多的营养来作为可持续的基础的，因此要想持续的生长，及时补充营养、预防"未病"就变得十分重要。反映在养生上，是一正一反的两面：增强机体的正气来补充营养，同时防止病邪的侵害以预防有可能发生的疾病。每年的小满，大约会比端午节早一周左右。端午节是中国以及汉字文化圈辐射到的国家的一个十分重要的传统节日。过端午节，是中国人两千多年来的传统习俗。《东京梦华录》卷七，记载有北宋皇帝于临水殿看金明池内龙舟竞渡之俗。其中有彩船、乐船、小船、画舫、小龙船、虎头船等供观赏、奏乐，还有长达四十丈的大龙船。除大龙船外，其他船列队布阵，争相竞渡，以为娱乐。《燕京岁时记》也记载"端阳"节说："京师谓端阳为五月节，初五日为五月单五，盖端字之转音也。每届端阳以前，府第朱门皆以粽子相馈贻，并副以樱桃、桑椹、荸荠、桃、杏及五毒饼、玫瑰饼等物。其供佛祀先者，仍以粽子及樱桃、桑椹为正供。亦荐其时食之义。"总之，不论古今南北，中国的端午节都会有这些主要内容：挂钟馗像，门口悬挂菖蒲、艾草，人们佩香囊，赛龙舟，荡秋千，给小孩洗药草浴，涂雄黄，饮用雄黄酒、菖蒲酒，吃五毒饼、咸蛋、粽子和时令鲜果等。端午是个人文节日，其实反映了天候对人类的影响——这些风俗都包含了护卫正气、规避病邪的深意。

满是有了，前面还有一个"小"字。中国人特别希冀圆满，但是又深知月满则亏的道理，因而中国传统认为"将满未满"才是一个最好的状态。引申开来，还有一个深意就是：只要守着正道，正气不衰，不急于躁进，时间到了，邪气自然退散，就会得到一个好的结果。民间传颂的布袋和尚的《插秧歌》有几句："春有百花秋有月，夏有凉风冬有雪；若无闲事挂心头，便是人间好时节。善似青松恶似花，看看眼前不如它；有朝一日遭霜打，只见青松不见花……手把青秧插满田，低头便见水中天；心底清净方为道，退步原来是向前……"翻译成现代的话，就是你努力了，你付出了，暂时没看到成果，不要着急，也不要过多理会那些冷嘲热讽，把一切交给时间，时间自然会还你一个公道。

这个小满节气，我选择了两款茶，一款是曾经登上过历史的巅峰、茶圣陆羽亲自命名的贡茶顾渚紫笋；一款是乌龙茶类的武夷岩茶玉麒麟。一紫一青，非黄非红，不至盈满，倒也有趣。

玉麒麟：高雅才值得回味

我在洛杉矶工作的那段时间，因为靠近比佛利山，经常有些明星光顾我工作的饭店。我一般很少提出和他们合影，因为人家是来用餐的，没有义务也没有心情强装欢颜和我照相。只是有一次，我来到店里，看到桌子旁边安静地坐着一位老太太，说是老太太，那是因为满头白发，但是她依然美丽，是一位虽未说话但是气场很强大的女性。

我一下子认出她来——是卢燕！我对她最早的印象是她在 1987 年的电影《末代皇帝》里出演慈禧，后来她去了好莱坞，作品就比较少了，依稀记得看过一部电视剧，再后来就是她 2013 年的电影《团圆》。在电影中，卢燕把那段因为想要和台湾过来寻亲的丈夫回台湾又无法向现在的丈夫开口的左右为难表演得淋漓尽致。后来我才知道，那时她已经 87 岁了，但是那种不温不火的表演，却在一举手一投足间、一个眼神运转中，饱含了无数的岁月风情。

等到卢阿姨吃完饭，我又给她上了一碗醪糟汤圆，她连说："这个好，这个好。"我说："卢阿姨，我们拍张照吧。"她也连声说好，然后整理了自己本来已经很整齐的衣服，还略带羞涩地说："你看我这一头白头发呦，真是没办法。"那一瞬间，我突然明白，一个女人的美丽真的和时光没有太大的关系，那种骨子里的静好，在每个年龄段都能绽放出令人惊羡的优雅。

我品玉麒麟时，也是这种感觉。玉麒麟是原产武夷山九龙窠的名丛，我想应该是以茶树形状仿佛麒麟而命名的。玉麒麟给我最深的印象是

"香"，在茶汤里有果香，在叶底上有淡淡的乳香。而那种种香，混在一起沉实悠长，甚至带有一丝丝刚烈，如蜜桃、如雪梨、如合欢花，却最终化为一缕回味悠长的优雅。

仔细想想，哪个女人年轻时不是时光的宠儿？可是在岁月的磨炼中，起起伏伏的磨成大气，那是很难得的。不要过分地追求圆满，能努力于当下，无愧于自心，也是这种磨炼中的所得。一如这茶，怡人者多，优雅者少，如能遇到，便应珍惜吧。

顾渚紫笋：茶圣亲自命名的贡茶

　　唐肃宗乾元元年（公元 758 年），伟大的茶圣陆羽辗转来到湖州长兴境内的顾渚山。见此处远离尘嚣，茶树众多，便决定于此隐居避世，专心著述。他经常独行山野之中，采茶觅泉，评茶品水。一天他走走停停，突然发现自己到了一处尚未来过的山林，询问当地樵夫，得知这是顾渚山一带，他们把这里叫做桑孺坞（在 1200 年后我们把那里叫做叙午岕），他发现了生长期的野茶树，迎着阳光，陆羽发现这些茶树的嫩芽是紫色的。经过深入细致的考察，陆羽肯定地下了结论——这是品质甚佳的好茶。它完全符合陆羽对好茶的界定标准：生长于"阳崖阴林之中，紫者上，绿者次；笋者上，芽者次"。陆羽为这种茶命名为"顾渚紫笋"。

　　这个传说大抵应该是真实的。唐代制茶都是团茶，如果不是在生长期实地观察，是不可能发现茶芽是紫色的。而更为直接的证据应该是陆羽对顾渚紫笋格外的推崇，唐代宗广德年间（公元 763—764 年），陆羽决定向皇室推举紫笋茶为贡品，并通过当时的湖州刺史将紫笋茶样品连同他的推荐书送到了长安。后经朝廷鉴定采纳，于唐代宗大历五年（公元 770 年）正式确定紫笋茶为贡品，并决定在顾渚山麓开设皇家贡茶院。而作为贡茶，顾渚紫笋自唐朝经过宋、元，至明末，连续进贡了 876 年，其他茶叶难望其项背。

　　1200 多年后，我在一个小满节气里，大方地取出顾渚紫笋传人吴建华老师亲制的叙午岕贡品野茶，瀹泡给十几位喜欢顾渚紫笋的茶友们，来纪念伟大的茶圣。曲终总要人散，待得热热闹闹的茶会结束，大家散去，略微疲倦的我静坐下来，将银壶里的水重新烧热，拿出剩下的特级紫笋，为自己冲泡了一碗。我倒是更喜欢相较贡品野茶次一等的特级紫笋呢。紫笋茶一年只采一次春茶，为了保证茶芽的完整性，不允许使用任何工具，只能茶农一叶一叶的采摘，并且不能用指甲去掐，而要用指头小心地摘取，每个茶农平均每天仅能采摘六两鲜叶。紫笋茶树生长于烂石土堆的山崖上，山路崎岖陡峭，有的地方仅仅容得下一人艰难地站立，采茶工一般从早上 6 点多上山到下午 4 点多才下山。采摘回来的鲜叶经过人工再次挑选，才能按照绿茶制作工序进行炒制。而全手工炒制的特级紫笋茶，每一斤干茶都需要 32 000 个左右茶芽。

瀹泡好的紫笋茶，茶气轻逸，甘鲜爽口，有清雅的兰花香。许是累了，我默默地冲泡、默默地品饮、默默地回味。时光倒流，作为一代茶圣，陆羽最终在湖州长兴终老。我想，这其中有他对顾渚紫笋的眷恋。陆羽也曾对顾渚山麓那一眼泉水进行深入的考察，"碧水涌沙，灿如金星"，陆羽同样也赐给了它一个名字——金沙泉。金沙泉水质清冽、甘爽，用来烹煮紫笋茶，相得益彰。公元 803 年（亦有说 804 年），陆羽病逝于长兴，一代茶圣走入历史，永远地陪伴紫笋茶和他一生的挚友、先他而去的诗僧皎然，两人的墓地都在长兴，相距不到两公里。历史的尘烟终要落幕，唯有茶香穿透千年，留下撞击心灵的回响。

《月令七十二候集解》说芒种:"芒种,五月节。谓有芒之种谷可稼种矣。"说句大白话,就是芒种这个节气,有芒的麦子快收,有芒的稻子可种。经过小满的快速生长,已经可以夏收,而且要快,否则在多雨时节如果遇到下雨,小麦就有可能倒伏、落粒、霉变。而夏收之后必须赶紧抢种抢栽,才能有个高产的秋收,故而芒种也称"忙种",忙着种植的意思。

芒种之后,往往江南就进入"梅雨"了。梅雨指的是从我国江淮流域一直到日本南部每年初夏(6~7月)常常出现的一段降水量较大、降水频繁的连阴雨天气,一般会天天下雨,持续一个月。这段时间梅子从青色转向成熟的黄色,"梅子黄时雨",简称"梅雨"。

我是北方人,人生的第一个梅雨季是在24岁的时候在上海度过的。那个时候刚刚结束我人生的第一个生意,当然并不成功,身上留了最后一点钱,从云南一路到上海,最后借住在一个朋友的家里。那时上海城隍庙还没有开发,也许那套房子连石库门都算不上,我依稀记得就是一楼进门,好像没什么空间,要直接上到二楼,二楼是小小的厨房和餐桌,然后三楼是个阁楼,斜斜的屋顶,有明窗和一张大床。仿佛那段时间并不忧伤,只是发愁——不知道未来应该干点什么。正赶上上海的梅雨季,每天早上醒来,仿佛觉得都像躺在水里:床上太潮了。然后打着哈欠推开窗户,往下看是二层的房檐,屋瓦上会有一两只野猫,天上照例是密密的雨丝,猫的毛湿漉漉的,看见我会发出细细的压抑的哀叫。我会回身拿几块饼干,伸出手扔给它们,手也被淋湿,但是因为一直的湿,往往感觉会慢半拍,抽身回来时,看见另一面,被雨打湿的不知名的粉色花瓣落满了半边屋瓦。

到了夏天，花也要凋谢了。中国古人们于芒种日会送祭花神。百花开始凋零，花神退位，故民间多在芒种日举行祭祀花神的仪式，饯送花神归位，同时表达对花神的感激之情，盼望来年再次相会。这个风俗今日已不见，但在《红楼梦》中记载这个节气祭花神是比较隆重的，且看第二十七回："至次日乃是四月二十六日，原来这日未时交芒种节。尚古风俗：凡交芒种节的这日，都要设摆各色礼物，祭饯花神，言芒种一过，便是夏日了，众花皆卸，花神退位，须要饯行。然闺中更兴这件风俗，所以大观园中之人都早起来了。那些女孩子们，或用花瓣柳枝编成轿马的，或用绫锦纱罗叠成千旄旌幢的，都用彩线系了。每一棵树上，每一枝花上，都系了这些物事。满园里绣带飘飘，花枝招展，更兼这些人打扮得桃羞杏让，燕妒莺惭，一时也道不尽。"这里大概说的是，大观园中的女孩儿们为花神饯行，首先是把自己打扮得漂漂亮亮的。其次是为花神准备好上路的交通工具（轿马）以及庄严而堂皇的仪仗（千旄旌幢）。

在北方吃梅子的人少，而在南方梅子不仅直接吃，还有很多副产品，比如青梅酒。《三国演义》第二十一回曹操煮酒论英雄章回中，有如下描述：随至小亭，已设樽俎：盘置青梅，一樽煮酒。二人对坐，开怀畅饮。酒至半酣，忽阴云漠漠，骤雨将至。从人遥指天外龙挂，操与玄德凭栏观之。操曰："使君知龙之变化否？"玄德曰："未知其详。"操曰："龙能大能小，能升能隐；大则兴云吐雾，小则隐介藏形；升则飞腾于宇宙之间，隐则潜伏于波涛之内。方今春深，龙乘时变化，犹人得志而纵横四海。龙之为物，可比世之英雄。玄德久历四方，必知当世英雄。请试指言之。"……操以手指玄德，后自指，曰："今天下英雄，惟使君与操耳！"玄德闻言，吃了一惊，手中所执匙箸，不觉落于地下。

这一段故事，把两个人物的内心与状态表现得活灵活现——一个睥睨天下，张扬自满；一个时机未到，小心翼翼。一盘青梅，一樽米酒，交锋只在电光火石间。

大部分人不喜欢梅雨季，可是连绵的雨水也为新的栽种和生长提供了再次的可能。芒种开启的是一个收获与希望交织的时节，不必怨天尤人，继续努力，会迎来真正的灿烂。

这个芒种，我选择了两款茶，一款是乌龙茶里的永春佛手，一款是绿茶里的涌溪火青。都不算非常知名，然而有它们自己的独特之处。

涌溪火青：坚守 20 个小时的雅债

　　喝茶相比抽烟，总被认为是一个更受欢迎的爱好。其中有一个重要的原因就是，抽烟似乎是一件很烧钱的事情，还对身体健康有影响，更可恶的是，吸二手烟的受到的伤害更大！我理解后者，但对"吸烟太烧钱了"报以苦笑——茶事尚俭，可是喝茶只会比抽烟更烧钱！

　　这个烧钱分成两大类：一类是由你对器物的要求带来的。大部分茶人如我，不太会发现茶器的替代品，也不能凭借自己的影响力与执着，把一件普通的茶器变成传世经典。所以，会经常看到爱不释手的器物——就拿匀杯来说，先是玻璃的，有圆有方、有大有小；忽而又看见了瓷的，有青有白；再而又流行了陶的，有把无把，尖口片口；后来又看见了日本玻璃的，有光滑的，还有锤纹的……这可怎一个折腾了得。一个漂亮的匀杯，怎么也要 200 块左右，更遑论其他小件，君不见，一个杯托都要上千了……还有一类是由对茶叶的光怪陆离的喜好带来的。贪念者如我，喝过 300 多种茶了，看见没喝过的，还是垂涎。你要找小众的茶、老的茶，那不是缘分，那是很烧钱的。我喝过陈放 90 年的普洱、陈放 40 年的老绿茶、陈放 30 年的老乌龙、陈放 20 年的老寿眉、陈放 10 年的老红茶，还喝过好几千一泡的"88 青"，至今也没有成仙，觉得很是对它们不起。

　　这不，最近又特别想喝涌溪火青，左找右找，很是忙活。

　　当我对生活有所求时，往往就不能静心。在机场我喜欢买书，因为飞机上只能看书。然而就很迷茫——机场书店的书是旗帜鲜明的两派：

一派让你拼命去抢、去争、去战斗，一派让你平和、放下、受苦，这矛盾的漩涡，让你静不下来。喝茶是静的途径，让你神思超然，超然了就放下了，然而你还没放下，发现钱不够。我看也够乱的，于是心不静。

心不静，很多绿茶就喝不了。2015年春，很多人涌向茶山了，我倒觉得，不是茶商，你去凑这个热闹干什么？茶山上乱哄哄的，茶都不好了。然后就收到了一些茶友送的"争光"龙井，希望给自己脸上争光嘛。很不厚道的是，我还要编排人家：龙井茶喝的是深沉的清和，你比我心还乱，喝不出来，所以，不是你糟蹋茶，就是茶糟蹋你。

我不想糟蹋龙井，我就想喝口涌溪火青。

涌溪，是安徽泾县城东70公里的涌溪山；火青，是炒、是焓（xiá），老火炒的珠茶。说是珠茶，正规的叫法是"腰圆"，不是纯正的圆形，是长圆，中间微凹，像个腰子。好的涌溪火青，茶园都在"坑"里。安徽人把两山夹涧或者两山之间狭长的地带叫做"坑"，涌溪火青最好的茶园在盘坑的云雾爪和石井坑的鹰窝岩。"鹰窝岩"好理解，老鹰做窝的岩巅，海拔既高，风清且明，当是出产好茶的要件之一。"云雾爪"就比较诡异了，能修炼到把云雾凝成爪子，准备采茶？后来请教了一些当地茶农，茶农笑了：哪有什么爪子？那个地方叫做"云雾罩"——明白了，云雾笼罩的地方，好茶生长的另一个要件。

涌溪火青用的是当地的大柳叶茶种，好的成品茶，色泽乌润油绿，冲泡后缓慢舒展，香气高浓，水仙、兰花等花香交织起伏；茶汤甘甜醇厚，韵味宜人，一般泡个五六遍不失本真。这哪像绿茶？倒有点像乌龙茶了。

这么深厚的功力，来源于苦功。涌溪火青关键工序之一的"掰老锅"，需要不眠不休连续炒茶（当地叫做"焓干"）18个小时，加上前面的杀青、揉捻等工序，制作合格的传统涌溪火青需要20个小时，铁打的人也受不了啊。以前是两班倒，后来有了炒球形的炒茶机，可以用机器了，掰老锅时间也可以减少到10~12小时。然而机器没有智慧，它只会按照既定的程式去做，还是要有人晚上起来四五次，为的是调整茶叶整体形状，别炒偏。

　　要想喝涌溪火青，不只是喝茶人难以找到合心意的，就是制茶人，也是一身难以承受的"雅债"啊。这种坚守，还能持续多久？还有年青茶农愿意陪着茶一起经历难以言喻的苦楚、等待、期望，产生同样不可言喻的茶香么？我不敢想象，我心中充满酸楚。望着眼前形如海里珍珠般的涌溪火青，那同样是颗颗鲛人泪啊。

永春佛手：心之清供

　　"清供"，又称清玩，由佛前供花发展而来。最早是以香花蔬果代替告朔用的牛羊，而后发展成为包括金石、书画、古器、盆景在内，一切可供案头赏玩的文雅物品的统称。清供之盛行，甚至成了书画、雕刻的一个重要题材，称作"清供图"。古人以正月初一为岁之朝，是日案头必定要有花果，便称作"岁朝清供"。既然称之清供，散发的香气一定都不是浓艳的，却并不代表暗淡，仍然是持久清雅的路数。岁朝清供常用水仙、佛手、梅花再加松枝，北方人最少见的是其中的佛手。

　　人在北京，冬天我偶尔会想念佛手的香气，便从浙江邮购，于是供在唐卡前面的会有五六个黄澄澄、金灿灿的一盘佛手。因为少见，便想得多一些，想找到与之相配合的茶。最先想到的是乾隆三清茶，三清茶是以贡茶为主，佐以梅花、松子、佛手，用雪水冲泡而成的香茶。既适用于重华殿茶宴等宫廷重要礼仪场所，亦可用于山斋闲居等处，是宫廷茶饮中最为乾隆帝所重的御用之茶。虽然记载中没有明确这个"贡茶"到底是什么茶，但是比较起来，应该是龙井最为相配。

　　在夏日，佛手尚未成熟，但却想到了以佛手命名的茶，都是乌龙茶，但都不大常见。一个是武夷岩茶里的武夷佛手，又叫雪梨，喝起来真的有淡淡的雪梨味道，茶叶叶片较大，甚至长如手掌，也叫"佛手茶"。另一个知道的人就更少，是永春佛手。我很喜欢永春佛手，不仅是因为它叶片大，更重要的，它的佛手香味更浓郁。实际上，武夷佛手乃是从永春引种的。

　　永春是福建泉州的一个县，然而其知名度远远不如在西南方与它遥遥相对的另一个县，虽然两个县都是产茶大县，而且都在晋江上游。那个县是安溪，出产大名鼎鼎的铁观音。小的时候，我还是很喜欢铁观音的，味道浓郁，喝到胃里很舒服。后来我长大了，铁观音却越来越"年轻"了，从中度发酵、焙火到轻发酵基本不焙火，乌龙茶有些绿茶化了，喝到嘴里全部是冷冽的青草味，茶汤却没有了持久缥缈的韵味，我就不喜欢了。这个时候遇到了永春佛手，一尝，不仅茶汤厚重，还有一股佛手香味，第一印象非常好。结果一斤佛手茶喝完了，再买，奇怪，怎么也轻发酵轻焙火了？那以后，便连永春佛手也不喝了。

不过，永春佛手醒悟得早，2010年后，基本上传统做法回潮，茶园也不再追求密植高产，生态环境在慢慢恢复。那一年我又订了几斤永春佛手，喝了一些，后来放在大理的家中也就忘了。2015年初出差路过大理，回家看看父母，顺便拿点陈放几年的茶到北京喝，在一堆普洱茶的后面，看到了永春佛手。

回到北京，工作事情多，茶就一直在家里放着，到了六月假期，偶遇暴雨，在家里闷得慌，翻茶箱子，又看到了它，不能再错过了。煮了麦饭石泡过的桶装矿泉水，用了一把早期的宜兴供春商品小壶，配的公道是钧窑系松石釉星斑匀杯，茶汤倒在韩国白釉陶品茗杯中。是多么明亮深沉的金黄啊，花香中带着淡淡的佛手香，正如山间结满佛手的果园，是山林间的气息呀。喝了一口茶汤，青气已经很淡了，却仍然活泼，在口腔中顺滑地流淌。

铁观音追逐市场，出发点不能说错，然而失去了根本，没有厚重的观音韵，何来真正的铁观音？做茶，心地清澈方能在乱流中坚持做好自己。永春佛手的"佛手韵"还对得起这个"清"字。清供的重点也是在"清"，"清供"二字里涵含的离欲和恭敬，其实不在市场经济的金钱价高与否，而是在你心里怎么平衡。儒家的重义轻利，释家的清静息心，道家的虚静自然，得到其实不难，只要心安定了，就去喝杯永春佛手吧，都在一盏茶里。

夏至

阳盛阴生

The Summer Solstice

　　我出生在夏至，据说属蛇而又生在夏天，不得冬眠般慵懒，是劳碌命。那夏至，夏的极致，岂不更忙？故而我上班、加班、下班写书，还真不敢稍作怠懒。我们有些时候过于消极地看待老祖宗的思维，理解为一种迷信。其实，"与天地合其德，与日月合其明，与四时合其序，与鬼神合其吉凶"，这是中国古人对自然的观察，发展出一种与之相对应的秩序来趋吉避凶，不能完全算成是迷信。

　　《月令七十二候集解》中说："夏至，五月中。《韵会》曰：夏，假也，至，极也，万物于此皆假大而至极也。"夏至天气很热，但是孤阴不长，独阳不生，至阳中有阴，并且将是"阴"的开始。中国的这种阴阳互生的理论真的是非常高妙。所以，夏至三候，初候是"鹿角解"。进一步解释说："鹿，形小山兽也，属阳，角支向前，与黄牛一同；麋，形大泽兽也，属阴，角支向后，与水牛一同。夏至一阴生，感阴气而鹿角解。解，角退落也。冬至一阳生，麋感阳气而角解矣，是夏至阳之极，冬至阴之极也。"古人认为鹿属阳，但是麋就属阴了，夏至虽然热但是阴气始生，故而鹿角开始脱落。而麋的角到冬至脱落，道理是一样的。

　　不仅动物的感知如此，人体也是一样的。天气热，人体内的脏腑反而偏向寒凉，以应对天时。所以孔子说"不撤姜食"，民间就说得很直白："冬吃萝卜夏吃姜"，姜是温热的，却要在同样炎热的夏季食用，就是因为要滋养寒凉的脏腑。而另一句大俗话"心静自然凉"，其实有它的深意：一方面是天气炎热，内心安静才能不烦躁，也就不会觉得热不可耐了；而第二层意思是，你真的安静了，就可以发现脏腑的寒凉。

在这么热的季节里，到底如何才能心静呢？也包括两层的意思：一是有所忌讳，二是衍生出很多人文习俗。《清嘉录》云："夏至日为交时……居人慎起居，禁诅咒、戒剃头，多所忌讳。"可见古人对夏至是非常重视的。而风俗就很好理解了。据宋代《文昌杂录》记载，官方要放假三天，让百官回家休息，好好地洗澡、娱乐。身体洁净了，没有劳心劳力的事，自然安静。而《酉阳杂俎·礼异》记载："夏至日，进扇及粉脂囊，皆有辞。""扇"，用来物理降温，而且多诗词彩画，内外皆安宁。"粉脂"，以之涂抹，散体热所生浊气，防生痱子。这样一来，也让人内心安静。

这个夏至我选了两款茶，一款是武夷岩茶里的正太阳，以对应至阳；一款是绿茶里的溧阳白茶，产自天目湖区域，有清泠的口感。

正太阳：豪情终化绕指柔

早几年的时候，我多次去四川，然而没有一次去峨眉山。甚至有一次，我都已经上了去峨眉山的旅游车，公司一个电话让我飞回北京处理工作事务，我只好遗憾至今。不过，每次我在四川，总能在三苏祠里待一会。

三苏祠是苏东坡儿时的家。这一门三父子，皆有大名流传于世，尤以苏东坡更甚于其他两位。我其实以前还是多有不解，在国内，虽然苏东坡也是大文豪，诗、书、画、政、食皆有广泛的认可，不过没想到，西方人对他也十分重视。美国曾评选世界名人，中国仅入选三位，苏东坡即在其中。

苏东坡影响最大的还是他的词作，他是宋词豪放派的代表。"大江东去"，开篇即气势磅礴。而我最爱的却是他那首"十年生死两茫茫"，一样的荡气回肠，却又比"明月几时有"多了几分人间烟火气。如此矛盾的两种风骨在一个人的作品中体现，矛盾而又令人印象深刻。像极了我偶然得到的岩茶正太阳。

正太阳亦是道家茶，有正太阳必有正太阴。两种茶的生长之地，恰似太极图之形，而在阴鱼的阳眼之处生长的是正太阳茶，在阳鱼的阴眼之处生长的却是正太阴。道家的太极学说是很被中国人欣赏的，确实有它巧妙和益世之处。世界是分明的，有阴有阳，然而在那阳中有一点阴，阴中又有一点阳，恰是这不纯粹，相互吸引，最终生长，让宇宙转动，化生出万物。

正太阳是至阳的茶，在干茶的香气上，就是磅礴而执拗的。及至冲了茶汤来品饮，是刚烈的冲撞，在口腔里挺立、不驯，然而终归化作愁肠。可是在慢慢的回味里，是一点点的阴柔之美，抽丝剥茧般的不肯去。英雄亦是有情，霸王只是在沙场上方金秋点兵般的肃杀，然而在芙蓉帐里，却依然是一腔春泥，化了自己也化了虞姬。

正太阳，茶亦如此，那么苏东坡呢？他一生频遭打击，"身如不系之舟，心如已灰之木，问汝平生功业，黄州惠州儋州"，然而他一生却能在打击中仍保持纯真，既有豪放的本性，又有对爱人常思的柔肠。也许只有这样的人，才能写出这样的词作吧？而也许只有这样的人，更能比我体会正太阳茶汤之中的淑世精神吧。

太云白茶：玉霜香雪可清心

　　朋友送了我一包太云白茶，看了一下，应该是溧阳白茶的品牌之一。溧阳白茶从安吉引种，加工工艺和安吉原产地的差不多，采摘后进行摊青、杀青、理条、烘干，是使用白茶种制作的绿茶。

　　打开茶叶包装袋一看，外形和安吉白茶非常像，芽叶细长挺韧，形如凤羽；碧筋白叶，豆香飘散。用韩国产的白陶宽口鼓腹水桃花匀杯直接泡了来，茶叶次第舒展，清新的香气飘扬开来，汤色鹅黄，明亮清澈。泡了两三泡，叶片从淡绿变成乳白，如同山中初雪压在竹叶之上。在口腔里，茶汤的滋味轻柔却甘爽，回味不张扬却悠长。

　　宋徽宗（赵佶）在《大观茶论》中有一节专论白茶："白茶，自为一种，与常茶不同。其条敷阐，其叶莹薄，林崖之间，偶然生出，虽非人力所可致。有者，不过四五家；生者，不过一二株；所造止于二三胯（銙）而已。芽英不多，尤难蒸焙，汤火一失，则已变而为常品。须制造精微，运度得宜，则表里昭彻如玉之在璞，它无与伦也。浅焙亦有之，但品不及。"

　　宋徽宗是一个观察能力非常强的艺术大家，描摹语言非常精微。作为一个国家的最高统治者，他尝过的好茶都非凡品，能给白茶一个如此高的评价，实属难得。不过宋徽宗所说的白茶，是指当时产于北苑御焙茶山上的野生白茶。宋代的北苑皇家茶园，设在福建建安郡北苑（今福建省建瓯县境），其制作方法，仍然是宋代的主流茶叶制作方式，即经过蒸、压而成团茶，同现今的白茶制法并不相同。即便是现代，我们所说的真正意义上的白茶，是指福建白茶——一种大约由清嘉庆初年（公元 1769 年）创制的制茶方法而成的茶叶品种，在 1885 年改为采用福鼎大白茶制作。

中国历史上有个有趣的文化现象，就是当经济实力越强时，审美却由粗犷转为柔美，比如唐朝推崇博大雄浑，而宋朝化为纤细清丽。但是人们对茶叶的滋味要求并不一定尊崇这个规律。实际上，文化底蕴越深，则口味要求越精微，形式感的东西越少。这不能单独看某一个人的个人喜好，而是要观察一段历史时期的整体变化。因而，到了明朝，看似简单的散茶泡茶趋势，并不是茶文化的衰落，实际上是文化累积到一定高度的返璞归真。

可惜的是，现代人难能把心真正地放在文化上，大部分都是以贩售文化而做产业。也不能说不对，然而就很难真正理解茶叶口感清淡的美妙，这也是绿茶整体衰落的原因之一吧。

溧阳白茶实际上是茶树的一种变异，即在较低气温时造成叶片中叶绿素缺失——大约在 23℃时发生——形成"白叶茶"茶树产"白叶茶"时间很短，通常仅一个月左右。在清明前萌发的嫩芽为白色，到了谷雨前，叶片颜色较淡，多数呈玉白色。谷雨后至夏至前，逐渐转为白绿相间的花叶。至夏，芽叶恢复为全绿，与一般绿茶无异。溧阳白茶需要在茶叶特定的白化期内采摘、加工和制作。溧阳相距安吉约 100 公里，然而在同一海拔，温度会低 2℃~3℃，因而同一海拔所产白茶品质比安吉还要好一些。

溧阳白茶不及普洱茶、乌龙茶浓郁，然而绿茶特有的鲜爽是其他茶不能及的。我倒不是一个古板的人，然而看着很多茶品忙于跟风，绿改红也好，生普洱改红也好，还是希望：只要坚持自己，总会有欣赏你的人吧。

小暑

《月令七十二候集解》说小暑："小暑，六月节。《说文》曰：暑，热也。就热之中分为大小，月初为小，月中为大，今则热气犹小也。"虽然说是热气犹小，那是相对大暑说的。所以小暑的第一候——"初候，温风至。至，极也，温热之风至此而极矣。"天地间刮的都是热得不能再热的风，其实天气已经非常炎热了。在这里顺便说说一个易被误解的成语，就是"七月流火"。一般人往往把七月流火当成是对天气很热的一种描述，他们按照字面意思把这个成语理解为：农历七月（大约公历八月）天气很热，就像流动的火一样。其实这个成语的正确意思是：天气逐渐凉爽起来。"流"，在这里指移动、落下。"火"，是指星名，即大火星，也即心宿二，每年夏历五月间黄昏时心宿在中天，六月以后，就渐渐偏西。这时暑热开始减退。故称"流火"。

最热的天气是在农历的六月，由小暑开始，天气非常炎热。"暑"是正常的天气之一，风、寒、暑、湿、燥、火在正常的情况下，称为"六气"，是自然界六种不同的气候变化。"六气"本身是无害的，或者说是中性的，它们是万物生长的必要条件。人体感应天时地利，有一定的适应能力，所以正常的六气不易于使人致病。但是当气候变化异常，六气发生太过或不及，或非其时而有其气，比如本来天气应该暖和却出现了倒春寒，秋天本来应该秋气凉爽却出现了气温较高的长夏，以及气候变化过于急骤，尤其是个体比较贪热、贪凉，造成人体小气候异常的，六气就有可能成为致病因素，并通过人体本身的防护层进入体内，造成人体的病症。这个时候，六气便变化为"六淫"。"淫"是指太过和浸淫之意，由于六淫是不正之气，所以又称其为

"六邪"。

应对邪气，必须拨乱反正，用正气去克制和化解。针对暑邪，我们古人常用的就是"藿香正气"。宋代的中医方剂书籍《太平惠民和剂局方》中就已经记载了"藿香正气散"的方子。藿香的生长区域很广泛，四川、云南、江苏、浙江、湖南、广东等中国很多省份都种植。我的很多四川同事们，他们家老房子的屋前屋后都是藿香，天气炎热时，就直接摘取藿香叶片洗净切碎撒在做好的菜上一起食用。藿香是民间常用的祛暑中药，但是其实藿香应对的是暑湿，如果确实有火，但是阴虚，是不能使用藿香的。关于暑湿，我们在"大暑"的文章中会有论述。另外，藿香一般不使用茎，因为会伤气。

中国传统医学在应对暑热的时候，一贯主张"过犹不及"，即天气很热，你就大吃冰棍、大喝冰水，这样反而是扰乱正气。但是也不是一味地说天气热，你还必须只喝热水、热汤，而是可以少量地食用一些冰品。宋朝有一本介绍当时生活风貌的书叫做《梦粱录》，里面在第十七卷有这么一段话："四时卖奇茶异汤，冬月添卖七宝擂茶、馓子、葱茶，或卖盐豉汤，暑天添卖雪泡梅花酒，或缩脾饮暑药之属。向绍兴年间，卖梅花酒之肆，以鼓乐吹《梅花引》曲破卖之，用银盂杓盏子，亦如酒肆论一角二角。"可以看出，宋代茶肆销售的饮品按照时节而变化，炎热的夏天卖"雪泡梅花酒"，应该是一种添加了碎冰或者冰镇的冷饮。而且很有情趣的是要配合相应的乐曲，使用银器盛装。

当然比较稳妥的法子是适当降低环境温度，不是像今天用空调猛吹，那样风邪、寒邪就会产生了，而是用物理降温的法子。一个是扇子，一个是冰山子。中国的扇子文化博大精深，是有非常强的实用意义的。而大户人家或者皇室宗亲，就比较奢侈了，可以用冬天窖存的大冰块雕成各种山样形状，摆在室内降温。

这个小暑节气，我选择了两款茶，都是绿茶，一款是峨眉雪芽系列的茶，由青羽居士特制，名字就带有凉爽之意；一款是九华佛茶，承载地藏之意，宁心静气，也得安凉。

九华佛茶：大愿甘露

老茶是我郑州一个朋友，美院毕业，虽说后来没成为艺术家，可是还挺文艺范儿的。有一天老茶拿来一款绿茶，我完全不知道是什么茶。外形如松针挺直，连结又像佛手，绿意盎然，倒有几分像龙形安吉白茶，可是闻起来完全不是一回事。这茶也是老茶的安徽茶友送的，说是以前的外形要好过今年。用水一冲，即刻舒展，棵棵直立，叶片翠绿泛白，香气淡雅，汤色纯净，入口是很干净的淡然。

呀，原来是九华佛茶！

九华山是地藏菩萨的道场，而地藏王菩萨是我最为亲近的一位菩萨。汉传佛教四大菩萨，其实彼此是一种相互印证：一位修行者，首先要有广袤如大地的心愿，还要有观察世间百千万种音声，从而希望众生离苦得乐的慈悲，这样才能够保持愿力不会衰减。而要想能够自度度他、救度众生脱离轮回，不仅仅要拥有妙吉祥的大智慧，更要有精进勇猛的身体力行，是以四菩萨以如此名号现世——大愿地藏、大悲观音、大行普贤、大智文殊。

而地藏菩萨的一句誓言——"地狱不空，誓不成佛"，曾经让我热泪盈眶。不仅仅是地藏菩萨的愿行令人感动，他更是代表了大地的一切特性。

每个人都应该热爱大地。大地具有七种无上的功德：（一）能生，土地能生长一切生物、植物；（二）能摄，土地能摄一切生物，令安住自然界中；（三）能载，土地能负载一切矿物、植物、动物，令其安住世界之中；（四）能藏，土地能含藏一切矿、植等物；（五）能持，土地能持一切万物，令其生长；（六）能依，土地为一切万物所依；（七）坚牢不动，土地坚实不可移动。而作为守护众生的菩萨，地藏菩萨处于甚深静虑之中，能够含育化导一切众生止于至善。

　　每一个想要觉悟的人，都应该深深地扎根于大地，观察自然真实的变化，那就是在观察自己的心灵。当他安忍不动如大地之时，自性的光芒将纯净地升起，照耀寰宇。我看重茶，热爱茶，敬仰茶，也是因为如此啊，茶是大地生长出的而又能代表大地的伟大植物。尤其是九华佛茶。它从地藏菩萨的慈悲中生长，带来土地真正的芬芳，让水如同甘露般纯净，让我的心如大地般安宁。

　　喝罢九华佛茶，心境如同净月轮空，清凉、清净，安然、淡然。

峨眉雪芽：将登峨眉雪满山

我去过四川多次，后来把家也从大理挪到了成都。早年去四川，计划中去登峨眉也有两次，可惜均未成行。后来金庸先生不顾高龄，直登峨眉金顶，得寺僧以峨眉雪芽贡茶相待，虽未真正论剑，却也成为一段佳话。我当时心更向往，一直期待成行。

后来 2012 年的时候，集团领导送了我一盒峨眉雪芽，以前没喝过，就很感兴趣。当然今天峨眉雪芽已经集团化运作，广告、实体店已经能够经常见到，当时的峨眉雪芽却还属于创牌子打市场的阶段。其实峨眉雪芽在历史上早已经比较知名了。"峨眉雪芽"一茶名称，据说是隋末唐初峨眉山佛门茶僧所取，距今已有一千五百年左右的历史。

且不管传说。茶是很挑地方的植物，好山好水出好茶是共性认知。峨眉山最高处万佛顶海拔 3099 米，其实不算很高，但是相对成都平原来说，绝对已经是拔地而起的神山。加上峨眉山的气候、水系、雾霭都十分适宜茶树的生长，并且峨眉山的植被多样性也决定了峨眉山茶的优异品质。雨水至清明时季，茶园中的白雪虽然尚未融尽，但是茶树已经在悄然出芽。并且由于昼夜温差较大，高山区茶园的昼夜温差大约有 16℃~18℃，中山区茶园的昼夜温差大约 12℃，茶芽中累积的呈鲜物质就非常多。

有了好的原料，茶的制作和品饮也非常重要，直接影响了最终的那碗茶汤带给我们的感受。据传南宋乾道六年（1170 年）陆游入蜀任嘉州（今四川省乐山市，距峨眉山 30 公里）通判，曾拜访过峨眉山中峰寺住持别峰和尚。陆游盛赞了寺中茶僧所焙峨眉雪芽，留诗："雪芽近自峨眉得，不减红囊顾渚春"，将雪芽和名动中华的顾渚紫笋相比，可见他对峨眉雪芽的推崇。而说到品饮，峨眉山唐代僧人昌福禅师写过一本《峨眉茶道宗法清律》的书，系统而明确地提出"茶全禅性，禅全茶德"、"人水合一，学人初道；人茶合一，学人能道；人壶合一，学人会道；天人合一，学人明道"的观点，这是前无古人后无来者的。可惜的是，昌福禅师创立的《峨眉茶道宗法清律》精神没在俗世传播，只在佛门中使用，所以今天没有明确的仪轨程式。但是昌福禅师将茶和天地、人文相结合，把茶、茶道放在天地这一大时空中来论述，这样的格局是非常值得肯定的。

重要的当然还是当下之茶。峨眉雪芽基本上都采自海拔 800~1500 米的高山茶园，等级包括禅心级的天籁禅心、特级（禅心）、一级（禅心），慧心级的天籁慧心、特级（慧心）、一级（慧心）。我品饮的是慧心特级。

打开小包装一看，都是细笋般的嫩芽，密布细小白毫。茶气凛冽，如白雪压竹，清香透冷而上。泉水不敢烧开，边缘水泡连珠即关火。调气净心，轻推翠芽，甘露遍洒，碧汤隐光，茶香冲空而起。先敬了一杯在十世班禅大师的法相前，再慢慢品饮。入口微苦，然而苦尽甘来，香如神思，冲旋萦绕。

细观叶底，均是春茶独芽，色泽润绿，挺直俊秀，仿若佛眼；闻之山野自然之气让人如游天籁、如入深山。以此茶得观乾坤，以此茶而入禅境，一杯雪芽展现了素未谋面的峨眉山三霄九老百峦青黛，仿若菩提本意。

茶缘是连绵的。不意我后期多次登上峨眉山，而且另得了稀少的青羽居士峨眉茶。青羽居士隐居峨眉山中二十多年，不事张扬、不喜炒作，极其低调。然而，他本人却有自己的傲骨。他曾经出了一本峨眉摄影册，放言说数十年内无人能超越。

除了摄影之外，青羽居士在峨眉山上还有百亩茶园。他的茶园我没有去过，但听过不少传说。他的茶要价不低，然而又拒绝商业化。别说我，即便峨眉当地人，与青羽居士有深入交流且了解他的人也不多，所以，我还是那个意思，不攀缘，只看茶。青羽居士的茶，干茶绝嫩，带着细密如绒的毫，不像一般峨眉雪芽的片，而是卷缩的一团。我怕惊动了它们，只敢用稍低的水温，轻柔地冲泡，好像呵护婴儿一般。茶汤颜色倒不怎么显，然而香气慢慢舒张升起，是清灵的味道，如果变成画面，像极了覆盖春雪的茶园。

将登峨眉雪满山，峨眉在你心里，茶香也在你的心里。

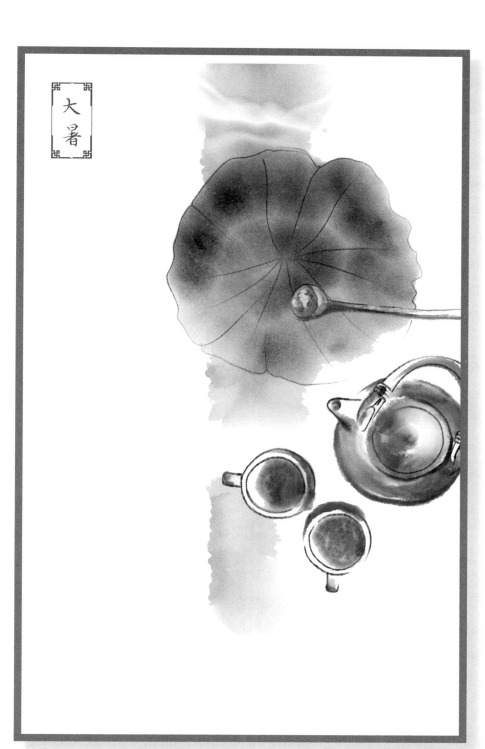

大暑 暑气乃湿 Greater Heat

中国有句老话：冬练三九，夏练三伏。乃是刻苦之意，这个"苦"实际来源于极端天气，三九是最冷的时段，三伏是最热的时段。"大暑"一般是在三伏里的"中伏"阶段，可见已经热甚。中国人所说的"三伏"是农历中一段特殊的时期，包括初伏、中伏、末伏。初伏、末伏各 10 天，中伏则在不同的年份为 10 天或 20 天——农历七月前立秋者，则中伏为 10 天；农历七月后立秋者，则中伏为 20 天。唐人张守节曾经解释这里"伏"的含义："六月三伏之节，起秦德公为之，故云初伏，伏者，隐伏避盛暑也。"

暑，一方面表明热，但是一方面也表明"湿"，暑湿、暑湿，常连在一起说。暑气是潮湿的，是因为这个时节的热来源于地表湿度变大，每天吸收的热量多，散发的热量少，地表层的热量累积下来，所以一天比一天热。即使天气热，但是湿气大，出了汗反而不容易干，人很不舒服。北京自从沟通了全城的水系之后，虽然变得更有灵性，然而"桑拿天"分外多了起来，因为暑气乃湿，而水系流动带来的湿气更加增添了这种感觉。

我读大学的时候，因为学明清商业史，接触档案的机会比较多。除了会检索中国第一历史档案馆的缩微平片，也知道了其实明清的皇家档案馆是"皇史宬"。皇史宬是中国现存最完整的皇家档案库，也是北京地区最古老的拱券无梁殿建筑。它的建筑特点及设备就是为了保存档案而设计的，是完全的砖石结构，既可防火，又坚固耐久，经得起千百年风雨的考验。皇史宬的墙壁非常厚，使殿内冬暖夏凉，高高的石台和严丝合缝的"金匮"，颇能防潮，正是这些特点，使保存在这里几百年的皇家档案至今仍然完好如初。

但是即便如此，每到大暑前后，皇史宬也都要"晒录"。明沈德符《万历野获编》卷二十四记载北京风俗："六月六本非节令，但内府皇史成晒曝列圣实录、列圣御制文集诸大函，则每岁故事也。"而各大寺庙在此期间也始"晒经"，一方面减少经书霉变和虫蛀，一方面也向信众展示经文，有"晒经度众生"之意。

当然在大暑期间，和老百姓息息相关的一件事其实是"冬病夏治"。"冬病夏治"是我国传统中医药疗法中的特色疗法，它是在夏天三伏期间在人体的穴位上进行药物敷贴，以鼓舞正气，防治"冬病"。所谓"冬病"，就是在冬天易发的病。易发人群多为虚寒性体质，也就是俗话说的没有火力。例如手脚冰凉，畏寒喜暖，怕风怕冷，神倦易困等等这些症状，中医叫阳气不足，也就是自身热量不够，寒从内生。冬病夏治有什么道理呢？是因为冬病患者本身体质就偏于虚寒，再加上冬天环境也是寒冰一片，要想在冬天治寒症，没有热量可调用。然而在盛夏之际，外界是暑热骄阳，里面是心火正盛，这时积寒躲在后背的膀胱经和关节处，最易被赶出来。但若是阳气衰弱，里面没有推动之力，就会错过排寒的大好时机，所以这时候用敷贴、艾灸、刮痧等办法辅助推动一下，阳气的力量就起来了，累积蕴藏好为冬天做准备。这个道理其实中国人很早就掌握了，《黄帝内经·素问》中有一个篇章叫做《四气调神论》，就是讲四季的养生要点的。其中说道："夏三月，此谓蕃秀，天地气交，万物华实，夜卧早起，无厌于日，使志无怒，使华英成秀，使气得泄，若所爱在外，此夏气之应，养长之道也。逆之则伤心，秋为痎疟，奉收者少，冬至重病。"

这个大暑，我选择了两款茶。一款是有高山清冷之气的梨山茶，应对暑热；一款是生长周期长、全叶片的六安瓜片，补充人体所需元素。虽是热茶，却更能解热，也是养生之道啊。

六安瓜片：茶缘天地间

我相信，人和茶叶是有缘分的。哪怕再微小，也割舍不断，不知道什么时候，就会相遇。

我也有自己喜欢的歌星、影星，但是断断谈不上崇拜。生平最为崇敬的就是周恩来总理。

十二年前，我研读周总理的生平资料，一个细节引起我的注意。周总理在最后的时日里，某一天突然从昏迷中醒来，请求身边的工作人员弄一点六安瓜片。花了几天时间，工作人员找到了这种茶，总理细细地品着，想到了他和叶挺同志一起战斗的时光，脸上露出了他重病之后少有的微笑。不久后的 1 月 8 日清晨，周总理在深度昏迷中，永远离开了我们，北京还在深冬季节，那么大的雪，整个中国都因他的离去，陷入巨大的悲痛之中。

这么多年来，我一直在寻找着六安瓜片。它不过是个地方名茶，和龙井难以相比，在北方的茶叶铺子里基本上都是踪迹难觅的。这次我去安徽出差，因为时间安排问题，难以立刻工作，当地的接待人员就挤了半天时间带我去寿春城看看淝水之战的古战场。在全国大面积地区干旱之时，安徽受灾也很严重。恰恰我到的那天，淮南开始下雨，站在古城之上，着衣不多的我瑟瑟发抖。急匆匆地离开，发现城里不少的茶叶铺子，玻璃窗上都贴着"瓜片"的字样。我问司机，这里产什么茶叶？司机很平淡地说："六安瓜片啊。寿县是六安市的下辖县。"

天啊！我几乎是冲进了茶叶铺子，并且立刻掏钱要买几盒六安瓜片带走。店老板慢悠悠地说："今年的新茶还没下来，你少买点吧。"我怎么能少买呢？谢过店主，我把几盒茶叶搂在怀里回到了北京。

在冲泡的时候，我觉得我是虔诚的。端详着那茶叶，仿佛看着久别的亲人。那大大咧咧的条索，一点不像其他的绿茶，砂绿的颜色润泽有光，而又带了淡淡的白霜。取了盖碗，怕闷坏了茶叶，特意把煮好的泉水放了几分钟，觉得水温差不多了，先倒了半碗，拨进去茶叶，又贴边加了半碗热水。看这瓜片肥厚，也没有立刻出汤，停了几秒，倾在了公道杯中。

那黄绿的翡翠啊！透着矜持的美丽和清澈，浓郁的原野气息般的茶香，入口是厚重的，顺滑的，仿佛溢满般滋润了我的心田。我细细地品着，想着周总理瘦癯的面庞，眼中不由蕴满了泪水。

总理是不重浮名的，他生前，在天安门上，他主动后退一步，让宋庆龄主席和毛主席站在一起；他身后，骨灰撒向中国的山川河岳，只留正气满乾坤。六安瓜片，也是低调不争，至今不曾大红大紫，可是，这满杯的清气，也算对得起周总理那般的奇男子了。我做不到周总理那般伟大，便学学这六安瓜片吧，安静淡然地奉献自己的一杯心香。

2016 年的大暑，恰巧的是，一位茶友葛磊从安徽给我寄来两罐"栊翠祥"牌的六安瓜片，让我与六安瓜片再续前缘。原来，茶与人的缘分，一直如丝牵连……

老丛梨山：冷露无声

　　我曾经在郑州工作过一段时间，当时是筹备一家新的餐厅，新店忙着开业，全体参与筹备的同事各自忙碌。在郑州租住的单元房，一早一晚、一出一进，脚步匆匆，从未留意周边。不曾想有几天突然有暗香隐隐，不离不弃，幽然随行。夜晚，趁着小区的灯光，看到几棵四季桂，肥叶油绿，桂花星星点点，暗香习习，想起王建的诗"冷露无声湿桂花"，一时疲累顿消。

　　当时的郑州，茶叶市场铁观音绝对是主流，剩下的半壁江山多的是信阳毛尖、茯砖，也有普洱茶。偶尔休息，常去的也就是茶叶市场了，倒是喝了不少好的茯砖茶，也对茯砖有了一些新的认知。台湾茶倒是不多见。其实我对台湾茶好像也没有特别的喜好，然而有一段时间不喝，便也怀念。手里有从北京带过去的台湾茶，已经陈放了一两年了。那天的桂花香不知怎么就勾起了我喝台湾茶的冲动，翻找了一会，找出一泡旧年的老丛梨山。

　　梨山地处台湾南投县最北端，与台中县及花莲县交接，梨山茶也是高山茶，一般生长在海拔 2400~2600 米之地，茶叶经过风霜雨雪的磨砺，品质优异，尤其是福寿山农场所产的茶更是台湾茶中之名品。恰好，我这泡梨山茶就来自福寿山。看干茶颗粒紧结，暗沉有光，倒不是很大，尤其有些小粒，当是单片叶所揉。也许是我选的水的问题，没有期待中的高扬香气，反而幽静沉郁。汤色倒是正黄中透着绿，因为是专做台湾茶的茶友所送，我也知道他家在台湾的几处高山茶园，所以，不疑有他。

品尝几口，水质带涩，香气优雅，不是俗艳，却是高山上果树林里月夜般的冷香。也许更适合冷泡，我特意放冷一杯，再喝，果真甘甜顺滑，香气如果似蜜。

根据我个人的经验，台湾茶的香气别走一路，确实出众，不过水质偏薄，如果延长浸泡时间，并不是像一些茶友所说绝无涩感，一有涩感就不是台茶。还是会有涩，不过苦感甚少。这种特点其实通过冷泡能够很好的解决，所以在台湾，冷泡尤为流行。我却不喜欢冷泡，茶性本寒，加上冷水，寒上加寒。因为天热加之现代人饮食燥性大，很多人还觉得喝冷泡茶很舒服，几个月都没什么不良感觉。其实寒性已经暗暗透入血脉，血脉运行渐渐凝滞不畅，增加了很多寒邪内侵的病患，反而得不偿失。有时是夏天盛热时节，看似冷饮一时痛快，却对人体的阳气产生杀伐，到了天时的冬天或者人体的冬天（老年）热力不够时，就会呈现病态。

喝过梨山，虽然我亦知它是绝对的好茶，然而从个人口感上来说，再次证明我最喜欢的台茶还是杉林溪和大禹岭。茶，要热泡，才能出真味、况味，才能在慢慢温凉之中感受人生变幻。

立秋

立秋 长夏转阴

The Beginning of Autumn

"立秋"是秋天的第一个节气，标志着秋天从此开始。但是和前面所讲的一样，天文的秋天往往难以被大地上的人们感知，因为立秋时节的气温通常依然比较炎热。

"秋"这个字里带有"火"，可能会被大家误认为是"炎热"的意思。其实，"秋"这个字很有意思，它本身蕴涵了丰富的人文信息。"秋"字在繁体字里通常写作"穐"或者"龝"。"禾"指"谷物"、"庄稼"；"龟"指"龟验"，即春耕时烧灼龟甲用来卜算秋天的收成情况，而到了秋收时节，谷物收成是否如龟卜预言的那样就会见分晓了。"秋"字的本义是指：谷物收成时节或庄稼成熟季节。

关于"秋"的含义，汉代大哲学家董仲舒给出过解释。在他的哲学大作《春秋繁露》中，董仲舒以阴阳、五行为骨架，以天人感应为核心，试图使天、地、人产生哲学联系。在《春秋繁露·官制象无篇》中说道："秋者，少阴之选也。"这里的"少阴"，《汉书·律历志上》又有进一步的解释："少阴者，西方。西，迁也，阴气落物，於时为秋。"

中国古代把立秋到秋分这四十五天的时间，称之为"长夏"，也就是说，一年有四季，长夏在中间。春生，夏长，长夏化，秋收，冬藏。"长夏"和"秋"都对应秋季，为什么加一个"长夏"呢？表明一个过渡，表象是即将由热转凉，深层次是阴阳的变化，"长夏"是四季由阳转阴的过渡时期。那么立秋也分成三候："一候凉风至；二候白露生；三候寒蝉鸣。"凉风至是指刮风时人们会感觉到凉爽，此时的风已不同于暑天中的热风；白露降是指凌晨大地上会有雾气产生；寒蝉鸣则表示寒蝉已开始鸣叫。为什么叫寒蝉？它比普通的蝉体形要小，声音也比较低微，故而有"寒蝉凄切"的相关诗词。古人认为寒蝉是感阴而鸣，一切都表明秋天已经开始。

立秋因为涉及到即将开始的繁忙农事，故而也是一个重要的节气。当然民间最有意思的一件大事是"贴秋膘"。经过一个夏天的暑热消耗，人体的能量需要补充，而且事实上，可能大部分的人体重都会下降一点。而秋天来临，阴气上升，人体会自然反应出储备能量的需求。所以民间的办法就是大吃一顿：在立秋这天想着法儿的吃各种各样的肉，炖肉、烤肉、红烧肉等等，尤其是猪肘子卖得特别好，因为大家都要"以肉贴膘"。

然而从养生的角度来说，可能大吃一顿并不完全合适。长夏在五行中属土，主脾，长夏是天地阴阳的转化，脾是主人体的运化，脾脏喜燥而恶湿，一旦受到湿气的影响，则会导致脾气不能正常运化，而使气机不畅。那么中国有句老话叫做"鱼生火，肉生痰"，痰实际上就是"湿"，故而常说"痰湿"。肉类和其他滋腻的食物，都特别容易引起人体"湿邪"，对于脾的运化是非常有影响的。所以我建议大家在秋天尽量少食辛辣油腻，可以适当地多吃一些芡实、老姜或者扁豆。扁豆，北方习惯叫"豆角"，一定要完全做熟透才能吃。北方传统上的食物"豆角焖面"是个好法子，或者将扁豆切丁煮在粥里成为扁豆粥，喝下去也是对身体很好的。立秋当然也很适宜喝茶，但也不要太多，虽然解腻，但也会增加脾的运化工作量。

这个立秋，我选择了两款茶：一款是白桃乌龙，一款是岩茶瑞香，都属于乌龙茶。乌龙茶是秋天的绝配，它的酶促氧化程度适中，焙火工艺又克制寒湿，增加阳性，故而特别适宜秋天饮用。

白桃乌龙：一抹桃花香

我在洛杉矶出了七个月的长差，协助开设眉州东坡集团美国第一家眉州东坡酒楼。我们的店在比佛利大道上的一家高档商场里，位于三层，楼下是家 Teavana（美国茶叶零售商）。我的方向感不是很强，因此每天从公寓到店面，只要进了商场，我开始总是找不到我们家店在哪儿。幸亏有 Teavana！你要知道，他们做的茶叶都是花果茶，各种蓝莓、苹果、佛手柑、菠萝、椰子、薄荷……香气浓郁极了，我一进商场在一层先使劲抬鼻子吸气，嗯，香气在这个方向，好，看见 Teavana 了，旁边扶梯上楼，ok，到店。

我也曾经买过 Teavana 的一种茶，冲泡后实在有点受不了，香气熏得头有点晕，茶汤酸甜口，像是醋放多了的菠萝咕咾肉。后来实在馋茶，就去早期华人影星叶玉卿开的"夏威夷超市"买大陆到香港再到美国的茶叶，可惜，大多品级不高，味道更适合煮茶叶蛋。为了一口喝的，我锲而不舍，后来又发现商场里有一家"The coffee bean & Tea leaf"的咖啡茶店。外国同事们一般去那里买咖啡，我一般会买一杯白桃乌龙。用大的咖啡纸杯装着三角尼龙茶包，开水一冲盖好盖子就可以拿走。当地人也有买茶的，还要加蜂蜜等一起喝。

再后来，我又发现一家"Lupicia"，这是一家日本的茶叶零售商，中文名是绿碧茶园，其名字的含义是"美丽的茶叶"。工作期间的闲暇，我会去楼下尝尝他们的当日推荐茶品，顺便和他们的斯里兰卡籍的员工聊聊锡兰红茶。Lupicia 的白桃乌龙做的是很好的。

　　白桃乌龙，市面上有很多种。我看到过加了蜜桃干丁的，也有加苹果干丁的，还有加玫瑰花瓣的。也都不能说错，但是这样一来它们就属于加料茶了，而不是花茶。加料茶是花式品饮范畴，花茶是制茶工艺范畴，再怎么窨制，最终的要求是"茶"，花香茶香是一体的，喝的是茶，而花果茶，那是好几种东西了。

　　Lupicia 上佳的白桃乌龙，是用日本白桃花和中国台湾省的文山包种茶一起窨制的花茶，而不是放了水蜜桃丁的花果茶。外国人其实一直不太明白两者的区别。要想做出来上好的花茶，窨制工艺是很难的。花茶窨制过程主要是鲜花吐香和茶坯吸香的过程。鲜花的吐香是生物化学变化，窨花一般是选用刚刚张开一两片花瓣的鲜花，香花在酶、温度、水分、氧气等作用下，开始分解出芳香物质，随着花的开放，而不断地吐出香气来。茶坯吸香是在物理吸附作用下，利用"茶性易染"的原理，吸收花香进入茶本身。吸香过程的同时毛茶也吸收大量水分，由于水的渗透作用，产生了化学吸附，在湿热作用下，发生了复杂的化学变化，这样成茶茶汤颜色会加深，滋味也会由淡涩转为浓醇，形成某一类花茶特有的色、香、味。

　　每次毛茶吸收完鲜花的香气之后，都需筛出废花，然后再次窨花，再筛，再窨花，如此往复数次。这就要求高档的花茶所用的鲜花香气要和茶坯相配，而且茶坯质量要好，否则鲜花香气吸不进去。所以只要是按照正常步骤加工并无偷工减料之花茶，最后一定能达到花香茶香融为一体，开始冲泡香气馥郁但不冲鼻，茶香并不被遮盖，而是花香茶香相得益彰，冲泡数回仍应香气犹存。

　　这款白桃乌龙选择的茶坯是文山包种，文山包种是发酵程度比较轻的乌龙茶，而且本身的香气不是很重，特点也不算突出，这样白桃花的香气就能与之很好的融合，两者谁也不会压着谁，反而成就了一个经典。在立秋依然并不凉爽的日子里，品饮一盏白桃乌龙，舒张的毛孔里仿佛都散发着白桃清幽的香气，心也就慢慢地安静下来。

岩茶瑞香：春沁芳馨透骨清

　　2015 年以前，我曾经把白瑞香和百瑞香以及瑞香理解为一种茶。后来逐渐学习了解岩茶品种，才发现白瑞香和瑞香不是一种。白瑞香是武夷山原生名丛，大约 20 世纪初在慧苑坑被发现。罗盛财老师在其《武夷岩茶名丛录》中写道：（白瑞香）植株较高大，树姿半张开，分枝较密。芽叶生育能力强，发芽密，春茶适采期 4 月下旬。制乌龙茶，品质优，色泽黄绿褐润，香气高强，滋味浓厚似粽叶味，"岩韵"显。而瑞香是福建省农科院茶叶研究所从黄旦自然杂交后代中经单株选育而成的无性系乌龙茶新品种。选育编号为 305。2010 年通过国家级茶树优良品种审定。瑞香并不全部用来制成乌龙茶，也适制绿茶。其制绿茶滋味浓爽，茶汤中花香和板栗香交织，高扬迷人。而说到"百瑞香"，目前茶树名丛中没有这个品种，我以前喝的百瑞香大部分是白瑞香。有可能是误传，但是在理论上说，它是一个商品成茶的花名，可以是其他岩茶，也可以是多种拼配。

　　瑞香制成的岩茶，其实花香味更接近瑞香花。也是 2015 年，我在北京家里养了一盆瑞香花，结果它成为了我除了多肉和绿萝之外为数不多养成的花，并且一直活到现在。瑞香的花苞是团簇在枝条顶端叶片中生长，第一次开花的时候我没有经验，只能等待。结果有一天我在家里正对着几十盆叶子已经黄绿蜷曲干巴发脆的蒲草缅怀的时候，突然闻到了一种类似柠檬混合香茅草还有百合花的香气，才发现花瓣是白紫晕染的瑞香已经开花了。有些文章说瑞香花花香太浓郁，熏人欲呕，我自己并没有觉得，在我不通风的蜗居里，瑞香花以一种芳馨的姿态净化着空间，并不强烈，反而散发着通透的清香。

　　冲泡岩茶瑞香，茶汤中就有着类似瑞香花的香气和感觉。相比白瑞香，瑞香的香气更轻盈更通透，但是汤感上不如白瑞香有穿透力，层次感也没有白瑞香丰富。这并不影响我对瑞香茶的喜爱，因为我明白其实这世间并不会有真正的完美，完美永远是我们追求的一个过程。我们说到人类自己，就可以"人非圣贤，孰能无过"，我们看待茶品有的时候却过分的吹毛求疵。更有甚者，歪曲解释"禅茶一味"，把成就大道的修行寄托在茶上。太上老君炼的金丹都未必能让凡人成仙，我们又何苦折磨一盏茶呢？不过是懒到自欺欺人罢了。一切成长和修行，向外求岂可成就？最后都变成一场物欲的奢侈追求，终落得白茫茫一片大地真干净。不如在此生的过程里，尽量享受一盏茶汤，把茶香播散在天地与心田之间，就已不枉此生矣。

处暑

太阳到达黄经 150° 时是农历二十四节气的处暑。处暑是反映气温变化的一个节气。"处"含有躲藏、终止的意思，"处暑"表示炎热暑天结束了。《月令七十二候集解》说："处，止也，暑气至此而止矣。""处"是终止的意思，表示炎热即将过去，暑气将于这一天结束，我国大部分地区气温将逐渐下降。处暑既不同于小暑、大暑，也不同于小寒、大寒节气，它不是一个表达程度强弱的概念，它是代表一种过渡，即气温由炎热向寒冷过渡。

这种过渡被中国人表达为一种卦象：未济。未济卦是《易经》六十四卦最后一卦，以未能渡过河为喻，阐明"物不可穷"的道理。也即卦义所说的："物不可穷也，故受之以未济，终焉。"而卦象又进一步指出："火在水上，未济。君子以慎辨物居方。"你看，中国人始终明白一个基本的规律——天下之事，物极必反，往复循环。一个过程的终止其实恰恰是另一阶段的开始，生生不息，永无休止。所以才有穷极则变，变则通，通而能达。且刚柔相济，而能知所"节制"，如此才能促使事物调和与成功，此为得失成败的最大关键。虽然宇宙有一定的规律，天道虽不可违，却不排除人的努力，甚至这是成功与否的基本条件。所以有智慧的人在处于未济之时，必须以慎物居方的态度，敬慎戒惧，励志力行，秉持中庸之道，以柔顺温良的态度，发扬刚健奋励的精神，才有可能改变天地。这也是了犹未了，未济不济，以终为始的大义。

有意思的是，处暑的节气三候里，恰有一个很有意义的节日。这个节日现在似乎不太重要了，以前却是家家都过的——道教称之为"中元节"，佛教称之为"盂兰盆节"。道教说中元，对应上元节、下元节，上元是天官赐福日，中元为地官赦罪日，下元为水官解厄日。中元节被解释为地府放百鬼出行，故而家家户户准备祭祀之物，怀念祖先。而"盂兰盆"在佛教是梵语的音译，意思为解救倒悬之苦。"倒悬"意思是指人被倒挂着，那是非常难受的一个状态，以此来比喻人的处境困难危急。所以，农历七月十五的这个节日在民间那是非常受重视的。

一方面祭祀先祖，另一方面，我们也常常听说另一个词"秋后问斩"也从处暑开始。这两件事看似没有联系，其实都是为了压制人因为秋燥而容易生起事端，而背后恰恰对应的是天地变化。中国古代将处暑分为三候："一候鹰乃祭鸟；二候天地始肃；三候禾乃登。"此节气中老鹰开始大量捕猎鸟类；天地间万物开始凋零；"禾乃登"的"禾"指的是黍、稷、稻、粱类农作物的总称，"登"即成熟的意思。万物到了成熟之后就是凋零，这种凋零带来的一种肃杀之气，必须经由人而得以宣泄。故而《礼记·月令》记载："凉风至，白露降，寒蝉鸣，鹰乃祭鸟，用始行戮。"从这个节气以后直到冬季，就可以考虑刑罚之事，以此来顺应天时了。

这个处暑节气，我选择了两款茶。一款是凤凰单丛鸭屎香，它美妙的不断变化的香气，让我们可以在一个过渡的节气里安然于自我之中；另一款是岩茶里的金柳条，我认为这款茶是一个未济的状态，但是它非常得努力，体现了自我的风格。

金柳条：茶盏里的云间烟火

岩茶的小品种太多，命名大体分成两类：依照茶树品种和产品品种。曾有"武夷山八百名丛"一说，大部分的是"花名"，也就是产品名。产品特征大多靠感觉描摹，有的深得人心，有的却不那么明显——也是，人之心海底针，人心的一瞬变幻感知，哪是那么容易被感知的呢？所以我喝了不少岩茶小品种，然而真正记忆深刻且有好感的不是很多，难得的是，金柳条是其中之一。

金柳条具体得名不可知，推论来看，叶片狭长俊秀，似柳叶，故而得名较为可信。一说柳树，首先想到"蒲柳之姿，望秋而落；松柏之质，经霜弥茂"，柳树常见，并不如何高洁，既不是香木，也不如红枫色艳，还不如梅花枝条矫若虬龙，蒲柳之姿，都是自谦到自厌的地步了吧。

然而，就像齐白石，既画牡丹，又画大白菜，大白菜虽是贫贱之物，却终是有人知道它的好。我最喜欢"昔我往矣，杨柳依依。今我来思，雨雪霏霏"，沧海变幻，我从来就是个旅人吧，不安定，喜欢孤独的境界而又不能脱离红尘。像极了昆曲，幽咽声声，是骨子里带出的孤寂，那是舞台上花团锦簇、头上珠玉缤纷缭乱也不能遮掩的。苏东坡就更为直接，"春色三分：二分尘土，一分流水"，柳树看似茂密，盛极反衰，春光旖旎，终将不堪攀折；周紫芝却又悲凉了些，"一溪烟柳万丝垂，无因系得兰舟住"，总是挽留不住的，偏又放不开，自己和自己作对，岂有个好么？晏几道缠绵些，"渡头杨柳青青。枝枝叶叶离情。此后锦书休寄，画楼云雨无凭"，然而多情总被无情苦，最后又将如何收场？所以你看，柳树是春意韶光里最有代表性的点缀，然而仿佛总是悲切的。

金柳条幸亏占了一个"金"字，自然风气为之一变。我喝的金柳条本身也是茶树种类中的江南变种——楮叶种茶树制成，又生长在武夷山海拔 200~350 米的山谷里，品质非常不错。很多茶友非常在意茶园的海拔，这不能说不对，但是就武夷山来说，武夷山景区境内的茶园山场海拔大多在 200~450 米，海拔最高的三仰峰也只达 729.2 米。武夷岩茶的著名产区常常提到"三坑两涧"——慧苑坑、牛栏坑、大坑口、流香涧和悟源涧，平均海拔大致也就 350 多米。其实对于武夷山的茶园来说，最重要的是"两山之间"，也就是山谷。山谷内既有光照，而每天又不超过四五个小时，水汽充沛，而又不会积涝，地形起伏，峰峦叠嶂，砂土地腐殖质，成为上佳的茶树生长地域。

金柳条外形虽然俊秀，却并不显得柔弱，干茶闻起来是正常的武夷岩茶气息，茶香并不浓郁，火香交融，不是过分突出，以至于我在冲泡前有点看轻这款茶。等到冲泡，发现香气很好。这个"好"，不是浓郁，而是虽飘忽却有根基，高扬中带着质感，茶香、火香中带有山野气，有林间树木之风。冲泡几遍，茶叶内质稳定，汤感非常细腻，自然的甘甜中还带有微微奶香，很有风情。汤色黄中带橙，清澈明亮。叶底看得出来发酵度不是很高，但是叶脉和边缘发红，有红色斑块，典型的"绿叶红镶边"。闻着有淡淡的草叶香，却不寡淡，仍有底蕴。

柳条也好，香茶也罢，其实很多时候，这个世界的名字给我们的只是一个外相，你只要努力，就不会被它束缚，就会有自己的一片氤氲天地。

鸭屎香：单丛庞大香气谱系里的异数

潮州有座凤凰山。作为"海滨邹鲁"的钟灵毓秀之地，凤凰山山脉群峰竞秀，万壑争雄。主峰凤鸟髻海拔 1497.8 米，是潮汕地区第一高峰。乌崀山是凤凰山的第二高峰，海拔 1391 米。好山好水出好茶，相传凤凰山是畲族的发祥地，也是乌龙茶的发源地。

在隋、唐、宋时期，凡有畲族居住的地方，就有茶树的种植，畲族与茶结下了不解之缘。从凤凰山的先民发现和利用红茵茶树开始，一直至明代，从野生型到栽培型，从挖掘移植现成的实生苗到选用种子进行人工培植种苗，凤凰人民不断地进行精心培育、筛选，不断地总结经验，使茶树品种不断地优化，茶叶生产不断地发展。发源于凤凰山的茶树群体，在 1956 年全国茶树品种普查登记时，被正式定名为"凤凰水仙·华茶 17 号"。

凤凰单丛特殊的不仅仅是它的品种，而是兼具品种优点。我国西南茶区，特别是滇西南山区或南岭一带，不乏"大茶树"存在，但那些地区有大茶树而无"单株采制"；福建武夷灌木型茶树有"单株采制"而不是大茶树，唯独凤凰单丛两者兼具。如此优异的品性，也让凤凰单丛的品种异彩纷呈，单纯从香气来说，就让人眼花缭乱。大体上说可以分出16 大香型、200 多个品种。

这 16 大香型包括：1. 黄枝香型，大约有 71 个茶品种；2. 芝兰香型，大约有 38 个茶品种；3. 玉兰香型，大约有 4 个茶品种；4. 蜜兰香型，大约有 5 个茶品种；5. 杏仁香型，大约有 6 个茶品种；6. 姜花香型，大约有 4 个茶品种；7. 肉桂香型，大约有 4 个茶品种；8. 桂花香型，大约有 9 个茶品种；9. 夜来香型，大约 4 个茶品种；10. 茉莉香型，大约 2 个茶品种；11. 柚花香型，大约 4 个茶品种；12. 橙花香型，1 个茶品种；13. 杨梅香型，2 个茶品种；14. 附子香型，4 个茶品种；15. 黄茶香型，4 个茶品种；16. 其他香型，大约 47 个茶品种。

其实这个香气谱系是挺乱的，因为交织着香气、味道，甚至产地，分类标准一旦不清晰，具体分类就很乱。我一开始是把鸭屎香分在杏仁香型茶里面的。但是其实自己也有疑问：好像比起杏仁香型之中的"锯剡仔"，鸭屎香的香气不怎么像杏仁味道，起码没有那么明显。后来看了叶汉钟、黄柏梓老师的书，他们是将它分在芝兰香型里面的，也许更准确。

仔细想想，我在单丛里比较偏爱的品种——鸭屎香、八仙、乌崀宋种都是芝兰香型。具体来说，鸭屎香又是个什么香呢？鸭屎不太可能香。鸭屎香其实是种在"鸭屎土"（黄白相间的土壤）上的单丛茶树，因为品质优异，茶农为了保护茶树品种，特地起了个讨人嫌的"贱名"，就叫"鸭屎香"。干茶条索紧卷，乌褐色，冲泡时具有自然的花香味，兰花般的香气之中还兼有一种高山野韵，香气浓郁持久。滋味醇厚浓烈，微苦，但回甘强烈。汤色橙黄明亮，十分耐冲泡。

鸭屎香后来被潮安改名为"银花香"，说是香气类似于野生金银花。我不想多说，只是我个人认为改名没有必要，既不符合历史，又有点生搬硬套，关键是似乎显得做人做事不够大气，过分拘泥。

凤凰单丛的分类是比较复杂的，比较准确的说法是，鸭屎香是乌叶单丛，有的人说是大乌叶单丛，我想可能不太对：大乌叶单丛归属于柚花香型，和芝兰香型不同。但是无论如何，鸭屎香在凤凰单丛庞大的香气谱系里，难掩光华，成为一个灿烂的异数。

白露 秋色属白 White Dews

《月令七十二候集解》中说："八月节……阴气渐重，露凝而白也。"此时节天气渐转凉，我们会在清晨时分发现地面和叶子上有许多露珠，这是因夜晚水汽凝结在上面而形成，故名"白露"。

说到白，我们在这里要指出一项常见的误解——"金秋"。古人以四时配五行，秋属金，故名"金秋"。秋是收获的季节，"金秋"常被想当然地认为秋天是一种金灿灿的感觉而得名。实际上，秋属金，金对应的五色却是白，这个白，就是水汽凝结的白，白露的白。

中国的五行，指的是金、木、水、火、土。后人往往解释为人们参与的结果——金是人淘制冶炼而成的，木是人砍伐搬运而得的，水是人凿井穿壤引来的，火是人钻木击石取得的，土是人开荒耕植而有的，因此其中处处体现着人的影响和作用。这个不能说错，但是不完全：这个五行，指的是后天五行。实际上，我们的祖先在研究时，他们是盯着天上的，而不是单纯地看着地上。所以，五行首先应该指的是先天自然之物——木是大地承载的植物和生命；水是自然的水，同时还代表液态的物质；火是一种能量，包括阳光、热能，代表无形的存在；土也不单指土壤和农田，而是代表大地和固态的物质；而金，不是指金子或者金属，而是"气"的代表，由大地蒸腾而成。故而才有五行的相生——木生火，火生土，土生金，金生水，水生木。由植物生成火焰，火焰照耀大地，大地蒸腾汽化，进而凝结为水，水再滋养植物生命。如果对应颜色，那么也就很好理解，金是气，气是无形的，只能用白色来指代；植物是绿色的，用青色指代；阴暗潮湿才能成为水，也只能用黑色指代；热能是温暖的，红色的感觉也一样；而大地泥土往往是黄色的。所以，金、木、水、火、土，对应的颜色应该是白、青、黑、赤、黄。不知道是先有白露的白，还是秋天的白？总之，白露和秋天都是白色的。

白露从天气感受上真正正正地像是秋天的节气了，故而在穿衣方面，有"白露不能露"的说法，要注意早晚添加衣被，不能袒胸露背。而人们也开始有意识地补养身体，当然不会下什么猛药，而是在饮食方面选择了一些有营养的热性食物。福州有个传统叫作"白露必吃龙眼"，认为在白露这一天吃龙眼有大补身体的奇效，在这一天吃一颗龙眼相当于吃一只鸡那么补。听起来似乎夸张，不过也有一定的道理。因为龙眼本身就有益气补脾、养血安神、润肤美容等多种功效，还可以治疗贫血、失眠、神经衰弱等多种疾病，故而已经是在做"秋收冬藏"的准备。而浙江、江苏一带还要在白露酿造"白露米酒"。白露酒用糯米、高粱等五谷酿成，略带甜味。米酒在传统制作工艺中，保留了发酵过程中产生的葡萄糖、糊精、甘油、碳酸、矿物质及少量的醛、脂。其营养物质多以低分子糖类和肽、氨基酸的浸出物状态存在，容易被人体消化吸收。研究发现，米酒为人体提供的热量是啤酒的 4 倍左右，是葡萄酒的 2 倍左右。米酒含有 10 多种氨基酸，其中 8 种是人体自身不能合成而又必需的。每升米酒中赖氨酸的含量比葡萄酒要高出数倍。米酒具有补养气血、助消化、健脾、养胃、舒筋活血、祛风除湿等功能。明代李时珍《本草纲目》将米酒列入药酒类之首。可见白露后适当饮用米酒是非常适宜的。

这个白露节气我选择了两款都带有"白"字的茶。一款是白鸡冠，是道家的养生茶；一款是岩茶里的白牡丹，带有雍容、安然的气息，都很适宜白露品饮。

白鸡冠：不逊梅雪三分白

　　我很佩服中国古人对美的敏感，对茶的深知。四大名丛在武夷八百岩茶名丛中果真是比拟精妙的。这四大名丛本身，各有特点。我最爱水金龟，可是铁罗汉的药香，白鸡冠的清雅，也让我难以割舍。

　　白鸡冠原产于武夷山大王峰下止止庵道观白蛇洞，相传是宋代著名道教大师、止止庵住持白玉蟾发现并培育的。相比清朝才出现的大红袍和水金龟，已经算是前辈。

　　白鸡冠为白玉蟾所钟爱，是道教非常看重的养生茶之一。白鸡冠应该为白玉蟾所培育，也只能为白玉蟾所培育。白玉蟾是道教南宗五祖，身世大为神秘。

　　据史书零星记载，白玉蟾幼时即才华出众，诗词歌赋、琴棋书画样样精通。后来更是四处游历，从道教南宗四祖学法，得真传。对天下大势和苍生之命运亦有高见。26岁时，专程去临安（杭州）想将自己的爱国抱负上达帝庭，可惜朝廷不予理睬。而大约同时，道教北宗全真派长春真人丘处机果断地选择了向铁木真进言，铁木真虽未全盘采纳，但他对丘处机尊崇有加，并且暴政有所收敛。白玉蟾也许并不重要，他一个人之力不足以改变历史的车轮走向。然而可怕地是从两个人不同的际遇来看，已经能够得知两个朝代的兴衰奥秘。

　　也许受到了打击，白玉蟾放弃了救国热望，依然四处游历。很长一段时间他住在武夷山止止庵。他对自己的书法和绘画是非常自负的，然而他自己又承认这些对他来说还重不过他对茶的热爱。

　　白鸡冠茶树叶片白绿，边缘锯齿如鸡冠，又为白玉蟾培育，故得此名。轻焙火后干茶色泽黄绿间褐，如蟾皮有霜，有淡淡的玉米清甜味。白鸡冠一般主张煮茶品饮，气韵表现更为明显。我没有煮茶铁瓶，还是冲泡。

　　茶汤淡黄，清澈纯净。闻之香气并非浓烈，可是鲜活，如蛟龙翻腾，由海升空，翻转反复。白鸡冠的茶汤甘甜鲜爽，和水仙类似，但是香气是次第绽放，每泡之中皆有花香，持久不绝，余音袅袅。叶底油润有光，乳白带绿，边缘有红。

　　白鸡冠是岩茶中的一个奇迹——既甘甜又丰沛，如同它的创始人，不仅秀外还能慧中，内外兼修，实在是难能可贵。白玉蟾在 36 岁的盛年，不知所终，历史记载中再也找不出关于他的一言半语。只留下这虽然秀丽但是骄傲地站立于武夷山峰上的白鸡冠，清气满乾坤，风姿自绰约，天际间回响，念念不绝。

白牡丹：月明似水一庭香

岩茶白牡丹，可能不是我喜欢的茶。

为了不要轻易下结论，我进行了三次品鉴，时间分别是不同日子的上午、中午和晚上。武夷白牡丹是武夷岩茶的奇种，产量稀少，远不如白茶白牡丹那般知名。白牡丹原产于马头岩水口洞，兰谷岩也有少量分布，在武夷山已有近百年的栽培历史，但种植面积和产量都不大。

第一次瀹泡，使用了我自己习惯的手法——高冲低斟，提壶注水较猛，想着激发茶叶香气，散尽火香，能够闻到品种的真味。结果，火香散失很快，而后出来的香气并不理想，或者说不浓郁也称不上高妙，而是一种近似水芹的草叶之气。我想一定是自己冲泡的方式不对，所以改天进行了第二次瀹泡。这一次，我使用了较为柔和的手法。水煮开后，特意在铁壶里稍作停留，以便水面不再翻涌，水静则香柔。冲泡时也改为在一侧沿碗边注水，加盖后略微增加了几秒浸泡时间。这次出汤，倒是没有杂异味了，但是香气低徊，虽然汤质柔和，却也没有涵香的韵味。我不气馁，又进行了第三次瀹泡。这一次，却也不抱什么希望。只是在空静的夜晚，就那么什么都不想地泡了来。嗯？汤色是格外的金黄，汤质虽说不上厚重，却有饱满的感觉。香气？等等，这是什么香？淡的需要去追寻，可是你又不能忽略。不像梅花，又不像常见的兰花香，是隐隐的木香，雍容但不争，华贵却隐忍。

是牡丹的香气吧？古人引以为恨的是"香花不红，红花不香"，却也说唯有牡丹，又红又香。我去过洛阳，也看了不少名贵品种，但是也没觉得牡丹的香气有多么浓郁，就是一种笼罩着贵气的淡淡花香而已。想起唐朝诗人韦庄的《白牡丹》诗："闺中莫妒新妆妇，陌上须惭傅粉郎。昨夜月明浑似水，入门唯觉一庭香。"精心妆扮的新妇是何等华艳，路上傅粉的少年又是多么温润如玉，然而白牡丹的素妆淡雅却使浓妆艳抹的新妇立起嫉妒之心，它的天然姿容使刻意修饰的少年郎顿感惭愧。月明如水，清澄透彻，洁白的牡丹花仿佛完全融化在月色之中，似乎已经不复存在，但一旦踏入庭院，飘浮在月光中的花香告诉人们：花儿正在承露而放。

红牡丹自有它的妖艳，白牡丹呢？纯洁、清丽、无瑕，在诗人的眼里，白牡丹虽不够艳丽，但也有它的韵味所在。这款茶也是如此吧？我不喜欢，但是它却依然绽放它的美，这却不像牡丹了，倒颇有几分梅花孤芳自赏的味道。

白牡丹茶干茶条索紧结，呈青褐色，有少量蜷曲形状。发酵很轻，基本感觉甚至不像乌龙茶。香气淡雅，似兰若梅，岩韵特别。我手里这款茶应该是冬茶制成，叶片比较削薄，也基本看不出乌龙茶绿叶红镶边的特征。有机会，会再去寻觅一款春茶，那时再感受白牡丹的清丽吧。

秋分 静观待机
The Autumn Equinox

秋分是二十四节气中的第十六个节气，时间一般为每年的公历9月22~24日。《春秋繁露·阴阳出入上下篇》中说："秋分者，阴阳相半也，故昼夜均而寒暑平。"秋分之"分"为"半"之意。"秋分"的意思有二：一是，昼夜时间均等，并由昼长夜短变为昼短夜长。太阳在这一天到达黄经180°，直射地球赤道，因此全球大部分地区这一天的24小时昼夜均分，各12小时。二是，气候由热转凉。按我国古代以立春、立夏、立秋、立冬为四季开始的季节划分法，秋分日居秋季90天之中，平分了秋季。秋分的含义在《月令七十二候集解》中解释为："八月中……解见春分。"意思"分"的释意与"春分"中的解释是一样的。

秋分时节，我国大部分地区已经进入凉爽的秋季，南下的冷空气与逐渐衰减的暖湿空气相遇，产生一次次的降水，气温也一次次的下降。所谓"一场秋雨一场寒"，人们开始要为降温准备厚重的衣物了，但秋分之后的日降水量不会很大，不像夏雨倾盆，反而有一些秋雨连绵的意思。

天气一旦转向阴湿、寒冷，其实非常容易影响人们的情绪，"伤春悲秋"，秋天是很容易产生悲苦之情的。我们在白露篇里提到过中国的五行学说，五行学说中"金、木、水、火、土"的"金"对应四季中的秋，秋属金。而人体自成宇宙，五脏中的"肺"也属金，人有七情六欲，七情中的"悲"也属金。因此在秋天，尤其是秋雨连绵的日子里，人们是非常容易产生伤感情绪的。我非常喜欢《红楼梦》中的一首诗《秋窗风雨夕》，是林黛玉听闻窗外风雨凄凉，连绵不绝，不由得感慨自己身世凄苦无依，又哀伤与贾宝玉的前途渺茫，兼之卧病在床，因此有感而作。"秋花惨淡秋草黄，耿耿秋灯秋夜长。已觉秋窗秋不尽，那堪风雨助凄凉！助秋风雨来何速？惊破秋窗秋梦绿。抱得秋情不忍眠，自向秋屏移泪烛。泪烛摇摇爇短檠，牵愁照恨动离情。谁家秋院无风入？何处秋窗无雨声？罗衾不奈秋风力，残漏声催秋雨急。连宵霢霢复飕飕，灯前似伴离人泣。寒烟小院转萧条，疏竹虚窗时滴沥。不知风雨几时休，已教泪洒窗纱湿。"不算长的诗篇中出现了十五个"秋"字，一种欲说还休、欲语凝噎的悲凉立刻弥漫纸上。

那么这种悲秋的情绪怎么破解呢？古人其实从更高的层面做了解释。白露延续到秋分，都属于"天地观"卦。观卦原文是："观。盥而不荐，有孚顒若。象曰：风行地上，观。先王以省方，观民设教。"北宋易学家邵雍解卦说："以下观上，周游观览；平心静气，坚守岗位。得此卦者，处身于变化之中，心神不宁，宜多观察入微，待机行事，切勿妄进。"所以，我们中国的古人整体上他们是乐观的，他们所说的"观望"，不是消极的躲避和等待，而是哪怕是在极为不利的情况下，也不要慌张，而是全面搜集情况，高瞻远瞩，想出解决之道。从根本上解决了问题，就不会再陷于这个问题所造成的困扰。

这个秋分，我选择了两款茶，都是武夷山的岩茶，一款是石中玉，有着"石火光中寄此身"的明悟；一款是正蔷薇，有着蔷薇花隐忍但是依然好闻的香气。

正蔷薇：春藏锦绣熏风起

　　第一次喝正蔷薇，是在北京，一个秋天。

　　北京的秋天十分短暂，然而往往短暂的事物令人留恋和歌颂。炎热的夏季后，清爽不了几天，就是清肃的冬了。这不长的时光里，如果遇上秋雨，虽然也会电闪雷鸣，毕竟一阵秋雨一阵凉，雨后的阳光不再令人烦躁，让人真想抓住它的尾巴，让它多停留些许辰光。

　　在疲倦的工作后，回到家里，我翻出了一泡正蔷薇。如果不下雨，其实天也是不好的，是阴沉沉的霾，黏滞的缠绕，尤其不清爽。毕竟还是累了，不再拥有看见茶那么欢呼雀跃的心境，就是懒洋洋地按部就班地冲泡。还在拿着盖碗的盖子在细嗅，思索到底如何描摹这种并不突出的香气，家人从身旁路过，在阳台上一边晾衣服一边说："这是什么茶？倒还真是香。"香么？我自己怎么没闻到？

　　太太说："是好闻的什么花的味道呢。"什么花呢？便就是蔷薇吧。依稀觉得蔷薇、玫瑰、月季差不多，不过一说玫瑰，好像很西方化，尤其是更适合捧在圣瓦伦丁因为爱情战胜了死亡的恐惧、微微颤抖的手里；而月季又太现代了，得是一盆一盆地安身于老北京四合院里，而旁边应该有位认真而负责任的居委会大妈摇着蒲扇，高声给陌生人指路。只有蔷薇，才是古典的、中国的。"水晶帘动微风起，满架蔷薇一院香"，蔷薇不能说不香，可是香得含蓄；"玲珑云髻生花样，飘飖风袖蔷薇香"，蔷薇不能不说妩媚，可是妩媚得飘摇。

　　武夷岩茶的花名，皆是写意。正蔷薇的名字正合蔷薇的心性，起得却是真好。都说中国人的品格自古缺乏冲劲，淡然到含蓄，含蓄到落寞，落寞到冷落。所以，现代中国人变了很多，逼着后代去抢、去夺，可是总要有那么一会停下来去闻闻蔷薇的花香吧。蔷薇真正的精神是很难被真正认知的。

蔷薇在野地里开放，保持了一种单纯的德性，能听懂蜜蜂在早晨嗡嗡嘤嘤的歌唱，能听懂蝴蝶在正午用颤抖的翅翼悄悄打开的希望，而晚上月亮笼罩着蔷薇，黄色的光华罩在柔和的花瓣上，仿若最好的丝绸，纯粹得像一首诗。蔷薇充分拥有着花的智慧，懂得像花一样吸纳和守望，因而拥有动人的美丽和敢于在荒野盛放的强大的灵魂。我们正是缺乏了这种灵魂，因而不能真正诗意的栖居，在华美的别墅里甚至感到桎梏和窒息。

我有多久没有见过蔷薇花了？那么，也好，用一碗正蔷薇的茶汤来守护我的内心吧。

石中玉：石火光中寄此身

　　石中玉这款岩茶，属于木讷而有后劲的。

　　之所以叫做石中玉，我不知其得名的具体原因，但是我却觉得这个名字恰如其分。一是把岩茶的精髓体现了出来。岩茶岩茶，岩石上生长，虽然呈现柔和的花蜜果香，可是在汤的内质里，却有岩石般坚硬的风骨。二是把这款茶前面看似平淡无奇、后续却有绵绵喉韵的感觉也一下子表现出来了。

　　石中玉，看着是石头，却是一块美玉啊。中国最知名的和氏璧就是这样一个故事。春秋时期，楚国有一个叫卞和的琢玉能手，在荆山（今湖北省南漳县内）里得到一块璞玉。不过令人疑惑的是，既然卞和本人便是一位琢玉能手，不知为何却没有将玉石完整地抛磨和展示出来，仍是矿物的原貌去急匆匆的上交。卞和捧着这块所谓的"璞玉"去见楚厉王，厉王命玉工查看，玉工说这只不过是一块石头。厉王大怒，以欺君之罪砍下卞和的左脚。厉王死，武王即位，卞和再次捧着这块璞玉去见武王，武王又命玉工查看，玉工仍然说只是一块石头，卞和因此又失去了右脚。武王死，文王即位，卞和抱着璞玉在楚山下痛哭了三天三夜，眼泪流干了，接着流出来的是血。文王得知后派人询问为何，卞和说：我并不是哭我被砍去了双脚，而是哭宝玉被当成了石头，忠贞之人被当成了欺君之徒，无罪而受刑辱。于是，文王命人剖开这块璞玉，见真是稀世之玉，便命名为"和氏璧"。实际上这个故事令人疑惑的地方还很多，比如既然是"璧"，那么一定是个环形，文王是基于什么启示一定要把这块石头剖开，而且做成璧形呢？

　　其实一样令人费解的还有我们目前的教育。我是搞职业教育的，按照道理，一个18岁的孩子已经是成年人了，而且是职业学校毕业，走上工作岗位的。可是，这么多年，我遇到的很多孩子都让我哭笑不得：有上厕所不冲水的；有吃不下员工食堂饭的——我也是在那里吃饭，而且并不觉得真得难以下咽；有在宿舍夜里11点还大声喧哗，而不管别人已经休息的；有在公共洗衣间强行把别人还在洗的衣服拿出来扔在一边，把自己要洗的放进去洗的；有站军姿两个小时，中间还会阶段性活动，然后向父母、学校告状说企业体罚虐待学生的……我们企业的培训中心越来越像是幼儿园，我觉得我面对的是一群群看似身强体健，可是心灵和素养不及孩童的人。中国的年青一代到底怎么了？

　　到底怎么了？是因为父母都是卞和啊。把自己的孩子当成璞玉，可是又没有真的静下心来去雕琢他、整理他，而是急着去向世人展示。所以我们逼着孩子们去学各种知识，所谓不要输在起跑线上，但是我们却没有时间让他们的心灵成长，让他们首先成为一个有素养、有节操的人。这事儿真的挺可怕的。

　　本来茶叶的文章应该轻灵、高贵，没想到我喝着石中玉，却拉拉杂杂、絮絮叨叨地说了很多大俗话。可是我真的希望，中国的教育应该着重于内涵，而不是表面的光鲜。这一方面，真该好好地品品石中玉啊。

寒露 空山始寒 Cold Dews

　　每年的国庆小长假过后，就会迎来二十四节气中的第十七个节气——寒露。寒露是秋季的第五个节气，虽然天气依然温暖，可是早晚的寒凉之气已经比较明显。《月令七十二候集解》说："九月节，露气寒冷，将凝结也。"寒露的意思是气温比白露时更低，地面的露水更冷，快要凝结成霜了。白露、寒露、霜降是一个一脉相承的过程，都表示水汽的凝结现象，而寒露是这个过程的中间阶段，也是凉爽到寒冷的过渡。

　　这个过程反映到环境之中，就是"燥"的特性在显现；而秋燥反映到人体，就会觉得不适，燥邪最容易伤害的是肺和胃。这个时候我们要特别注意饮食，尽量少吃香燥、辛辣、熏烤类的食物，所以消夏爱吃的夜宵如烤羊肉串等等烧烤，就不合时宜了。而芝麻、核桃、沙参、萝卜、百合、银耳、牛奶等等有一定润泽作用的也呈现阴性的食物就很适合，水果的摄入量也应该增加。

　　当然，从民俗上，我们也演化出了很多适宜的方式来应对秋燥，不仅仅是食物，而更多是从社会性的角度出发，调整人们的情志以及体现群体的力量。北方在这个时令中，人们秋游的意愿在逐渐增强。去郊区爬山登高的人越来越多。山野中较多的负离子不仅可平抑秋燥，在登高时远眺，直抒胸臆，散尽郁闷，也在精神上舒缓了燥的压力。如果遇到闰月，很多时候中秋节都和寒露重合。中秋拜月、祭月，月是太阴之精，一方面对应人间即将阴超过阳，一方面也压制秋燥之气。

　　在日常起居方面，中国人也很注重。看病吃药，那已经是病态的显现，中国古人更在乎如何先期的注意调理，不使病态状况出现。这种先期调理，一个是饮食，一个是起居，一个是情志。饮食我们刚才说过了，现在聊一聊寒露期间的起居。《素问·四气调神大论》明确指出："秋三月，早卧早起，与鸡俱兴。"早卧以顺应阴精的收藏——天气越来越冷、越来越干，人为的外界赋予的温暖越来越多，比如暖气、空调、烤火等等，反而特别容易引起燥邪，从寒露就开始收敛阴精，有利于人体内部平衡；而早起是为了顺应阳气的舒达，让阳气能够正常的舒达，从而避免血栓、烦躁。这些都是中国人在养生的方面顺应时气而进行的主动防御。

从情志的角度来说，除了登高远眺和参加一些社会性活动外，在人文方面有一种我很喜欢的花——菊花进入了盛花期，值得欣赏品评。寒露分为三候："一候鸿雁来宾；二候雀入大水为蛤；三候菊有黄华。"菊花在寒露后就普遍开放了。唐代的大诗人白居易《咏菊》诗："一夜新霜著瓦轻，芭蕉新折败荷倾。耐寒唯有东篱菊，金粟初开晓更清。"这是一首非常有画面感的优美篇章——初降的霜轻轻地附着在瓦上，芭蕉和荷花无法耐住严寒，或折断，或歪斜，唯有东边篱笆附近的菊花，在寒冷中傲然而立，金粟般的花蕊初开让清晨更多了一丝清香。这种清绝耐寒的风姿，不仅仅是菊花的品格，也是我们做人追求的志向啊。

这个寒露节气，我准备了两款茶，一款是凤凰单丛八仙，有着群体种不可描摹的复合香气，让人神清气爽；一款是岩茶北斗，借由这款茶的持久回甘，让我们调整这个时期的情志。

凤凰八仙：自地从天香满空

　　凤凰单丛这几年风头正劲，作为乌龙茶四大产区之一的茶，颇有"孤篇压倒全唐"的霸气。我对茶是包容的，只要做得好，什么都喜欢。不过凤凰单丛确实有自己的特色，而且香气各有胜场。

　　凤凰八仙单丛，也是一款高香茶。一款茶，敢以"仙"字命名的，一般皆有神异。八仙茶怎么来的呢？传说是由一株宋代老名丛无性压条繁育而成，因只存活八株于一处，并且形态如八仙过海之状，故取名"八仙过海"，简称"八仙"。这个传说我无从考证，但是市面能见到的八仙，其实创制时间还没超过50年。

　　八仙茶是现今著名制茶师郑兆钦先生于1968年，在同行专家的帮助和指导下育成的乌龙茶新品种。1994年，八仙茶被全国茶树品种审定委员会审批为国家级茶树良种，成为新中国成立以来新选育的第一个国家级乌龙茶良种。之所以得名八仙，最大的可能性应该是它的原生地是福建诏安县汀洋村的八仙山，诏安和广东接邻，八仙茶在广东乌龙茶区推广得很好。

　　不过，八仙茶确实值得"望文生义"。为什么这么说？八仙茶外形俊秀，柔美挺拔，风姿如吕洞宾；干茶色泽深重，如看遍世情的铁拐李；耐高温冲泡，水温高茶香更胜，大肚能容如汉钟离；香气多变，第一泡有花香，第二泡变为果香，水蜜桃、莲雾、梨子等近似香气次第升起，缤纷如蓝采和的花篮；茶汤清苦，苦而能化，也耐冲泡，老而弥坚如张果老；香气雅正，广雅如曹国舅；叶底柔润有光，暗香仍不时涌起，素雅温婉如何仙姑；喝完之后，神思回味，清音不绝，如韩湘子牙板余韵。

这么好的茶，实在难得一遇。姚远托瑞雪送给我一罐，我兜兜转转，偶尔喝一泡，还是越来越少，每喝一次，都要先叹几口气。这茶的缘分，也像八仙过海，终究是要隐入到缥缈浮空的海外仙山去了吧？

北斗：扑朔迷离总正源

　　北斗，也称之为北斗一号，发现于武夷山北斗峰。

　　北斗在市面上被传说为是真正的大红袍，我曾经在以前的书中采纳过这种观点。据传，1942 年至 1945 年，浙江农业大学教授叶鸣高先生跟随吴觉农先生在武夷山实地考察和研究武夷名丛。而在当地，姚月明先生对大红袍的培育研究也基本在同时期开始。1953 年至 1955 年，姚月明随叶鸣高和陈书省两位老茶叶专家在武夷山进行武夷名丛调查。这期间，姚月明从大红袍母本上剪了几根长枝，扦插在实验场办公室后面，并且已经存活两棵。1958 年实验场改建机场，这两棵珍贵茶苗不幸被拔除。"文革"时期，姚月明先生被打成反动学术权威，被迫离开茶叶实验场，下放到茶场农业区内种水稻。但姚月明仍偷偷利用业余时间培育大红袍，前前后后曾三次上北斗峰剪大红袍枝条，培育出来后，沿用吴觉农先生当初的命名"北斗一号"。20 世纪 80 年代后期，福建省外贸公司把姚月明先生的"北斗一号"成品茶定名为"外销大红袍"，每斤价格580 元，而内销大红袍定价为 380 元 / 斤。这个价格在当时就算天价了，1985 年北京全聚德定价表上，一只烤鸭是 8~10 元钱。除了成品茶，北斗茶苗的价格也很高。当时肉桂为武夷岩茶后起之秀，肉桂茶苗非常抢手，每株肉桂茶苗 0.03 元，可是北斗一号茶苗每株却要 0.3 元，茶苗价格是肉桂的 10 倍之多。

　　但是根据武夷山茶叶科学研究所原所长、国家非物质文化遗产武夷岩茶（大红袍）传统技艺传承人陈德华的《"北斗"并非"大红袍"》一文来看，情况又有所不同。1964年，陈德华从福安农校毕业后，就进入武夷山（原崇安县）茶叶科学研究所工作，参与了武夷岩茶名丛的整理、繁育、推广和科学研究，所以，理论上来说，他的论述是可信的。按照陈德华先生的记述，20世纪60年代北斗被原崇安茶场场长姚月明先生引种到崇安茶场。福建省茶科所曾于1958年秋（这是个疑问。既然60年代才引种，怎么1958年就有了。不过原文如此），从崇安茶场原企山品种园剪枝引种。武夷山茶科所名丛观察园为了充实名丛，于1984年2月19日，派科技人员叶以发、应菇仔持崇安茶场场长姚月明先生的手写条子（同意从茶园中抽挖十株"北斗"给茶叶研究所）到崇安茶场竹窠茶园移植十一株"北斗"，种在御茶园的名丛园中。当今武夷山所推广种植的"北斗"均源自崇安茶场和茶科所。

两段记录看下来，我相信大家也有点神思混乱了。北斗本是天上指引人生的星辰，但这种岩茶本身却扑朔迷离。也不用多管，我觉得茶叶本身品质如何才是真正的源头。在我喝过的所有岩茶中，北斗品质绝对是排前三位的。北斗干茶条索紧结，色泽乌褐，冲泡后，香气细幽柔长，茶汤橙黄明亮，滋味厚重，回甘持久，岩韵非常明显。观看叶底，软亮柔嫩，冷香突出。

这么好的茶，基于历史的真伪，我们可以致力于搞清楚谁的记忆是对的。然而，对于茶人来说，认真地去品，认真地去对待一泡好茶，也许就已经足够了。

霜降

天地自安

Frost's Descent

　　"蒹葭苍苍，白露为霜。所谓伊人，在水一方。溯洄从之，道阻且长。溯游从之，宛在水中央。蒹葭凄凄，白露未晞。所谓伊人，在水之湄。溯洄从之，道阻且跻。溯游从之，宛在水中坻。蒹葭采采，白露未已。所谓伊人，在水之涘。溯洄从之，道阻且右。溯游从之，宛在水中沚。"几千年前的古人，吟唱着《诗经·秦风·蒹葭》中的诗篇，和今人一样，迎来了二十四节气中的第十八个节气，也是秋季的最后一个节气——霜降。当然，《诗经》产生的那个年代，理论上的二十四节气还未出现，对于节气的描述，在商朝时只有四个节气，到了周朝时发展到了八个，到秦汉年间，二十四节气完全确立。此后漫长的岁月里，我们的古人根据天象和人类文明的发展，对二十四节气的名字和顺序进行过一些修订，才最终成为能够指导农事生产，将天时、地利、人类社会融汇为一体的重要历法。

　　霜的产生是大自然非常奇妙的现象之一。霜是由冰晶组成，和露的出现过程是类同的，都是空气中的相对湿度到达 100% 时，水分从空气中析出的现象。它们的差别只在于露点（水汽液化成露的温度）高于冰点，而霜点（水汽凝华成霜的温度）低于冰点，因此只有近地表的温度低于 0℃ 时，才会结霜。霜的结构松散。一般在冷季夜间到清晨的一段时间内形成。需要特别说明的是，霜本身并不一定危害庄稼，它是一个完全中性的现象，甚至恰恰相反，当水汽凝华时，还可放出大量热来，1 克 0℃ 水蒸气凝结成水，放出气化热是 667 卡，它会使重霜变轻霜、轻霜变露水，免除冻害。霜冻是指空气温度突然下降，地表温度骤降到 0℃ 以下，使农作物受到损害，甚至死亡，有霜冻时并不一定有霜。所以"霜"仅仅单纯是天冷的表现，而"冻"是危害庄稼的敌人。

霜降这种寒冷主要是针对黄河流域而说的，在北方霜降过后，却有开心的事情——赏红叶的时候到了。"枫叶经霜艳，梅花透雪香"，北方的枫树、黄栌树的叶片，都要经霜才会变得分外红艳，漫山遍野充满了黄、橙黄、红的绚烂色彩，让人心情格外舒畅，仿佛天地间都安静了，有一种身处画卷中的不真实的美。另一件有意思的风俗就不仅仅是在北方了，而是横贯大江南北，人们都要吃柿子。柿子有个非常雅的名字叫做"凌霜侯"，据说是朱元璋封的。据说他小的时候家中十分贫困，经常吃了上顿没下顿。有一年霜降，已经两天没饭吃的朱元璋饿得两眼发黑，突然在一个小村庄里看到一棵柿子树，上面结满了红彤彤的柿子。朱元璋饱饱地吃了一顿柿子大餐，才得以活命。后来，朱元璋当了皇帝，有一年霜降，他领兵再次路过那个小村庄，发现那棵柿子树还在，他将其封为"凌霜侯"表示感谢。这个故事在民间流传开来后，就逐渐形成了霜降吃柿子的习俗。其实，这个故事有明显的穿凿附会痕迹，柿子是不能空腹食用的，那会造成严重的腹痛、肠道梗阻或者形成结石。但是霜降后的柿子对人体的功效确实是值得"封侯"的，霜降时节的柿子个大、皮薄、汁甜，可谓达到了全盛状态，营养价值高，含有胡萝卜素、维生素C及碘、钙、磷、铁等矿物元素。假如一个人一天吃一个柿子，所摄取的维生素C基本上就能满足一天需要量的一半。柿子中的有机酸等有助于胃肠消化，增进食欲；柿子能促进血液中乙醇的氧化，帮助醉酒后排除酒精，减少酒精对机体的伤害；柿子还有助于降低血压，软化血管，增加冠状动脉流量，并且能活血消炎，改善心血管功能。柿子可以清热润肺，还可补筋骨，同时还有祛痰镇咳的功效，是非常适合秋天吃的水果。

这个霜降节气我选择了两款茶，一款是岩茶九品莲，配合霜降天地自安的圣洁感；一款是黑茶中的老安茶，开始向秋季告别，为迎接更加寒冷的冬季做准备。

重新发现安茶

　　我曾经至少和安茶有三次相遇。第一次我见到的是一个个小竹篓，上面用箬竹叶封包，写着歪歪扭扭的两个毛笔字"篮仔"。第二次是茶友泡了当年的孙益顺安茶给我喝，浅尝辄止。第三次，是我在马来西亚，当地茶人泡了一壶"六安骨"，据说也是安茶。

　　每次与安茶相遇我都对它故作忽略。我是一个中规中矩的人，这种忽略来源于我不知将它如何安置。

　　安茶其实不属于我们常见的分类，它不是六大茶类（白茶、绿茶、黄茶、乌龙茶、红茶、黑茶）中的任意一种。在安茶制作的十四道工序中，前四道：摊青、杀青、揉捻、干燥，有绿茶的揉和烘；中间四道：筛分、风选、拣剔、拼配，有红茶的筛和拼；后面六道：高火、夜露、蒸软、装篓、架烘、打围，有黑茶的蒸和压。这还是一个很笼统的说法，严格地说，安茶的很多工艺是绿茶、红茶、黑茶工艺都混合使用的。我不太喜欢无法安置的茶，纵使我不惟传统和古意，然而我坚定地认为现代中国人的情致和对吃喝之道的研究那是与老祖宗有云泥之别的。

　　近佛多年后，我偶有一日思绪披覆，明白空色相征之理：我们看自己的影子，觉得它是虚幻的、不真实的，那是因为我们执着于本体，其实对于影子来说，它会认为本体也是虚幻的、不真实的。孰真孰幻？我一边问自己，一边想：我对茶的清晰界定，固然有科学的一面，然而是否囿于本体，而少了对新事物乃至不完美的温柔试探？一方面可以说安茶不伦不类，另一方面是不是反而可以说安茶"独立六茶外，安然一盏中"？与其执着于弄清安茶到底算什么茶，不如重新发现安茶自我的美。

安茶的茶种是六安软枝，产自安徽祁门，正规的称呼似乎应该是"祁门安茶"，不过在当地，就叫做"徽青"。可是一般做好的安茶，当年是不喝的，通常陈放三年以上，而它的紧压又不像普洱茶用笋壳子整体包裹起来，是使用竹篓做成的小篮子装好，所以安茶主销的广东、东南亚等地区的茶客更喜欢叫它"篮仔茶"。

现在比较主流的说法是安茶创制于明末清初，盛行于清朝中期。在《红楼梦》、《金瓶梅》、《儒林外史》等明清著名小说中，都提到过"安茶"。据传香港曾有医师用安茶入药，治疗时疫，效果显著，故而安茶在香港声名卓著，为了和六安瓜片等六安茶区别，称"旧六安"。以前香港上层社会跑马聊天抽雪茄，标配是一壶老安茶，因为雪茄上火，安茶性凉，正可相配。这也是东南亚地区喜欢老安茶的重要原因，可以消减亚热带气候给人体带来的影响。《红楼梦》中的贾母是不喜欢安茶的，不是老安茶不好，而是对于老年人来说，又在江南之地，水重湿寒，那是寒性太大了，反而有可能伤肠胃。

我没有特别老的安茶，从茶友那里找了两泡量三年的安茶。他也不是很懂安茶，我去的时候，他把竹篮已经拆掉，竹篮内包裹的箬叶内衬也扔掉了，将安茶封存在一个很紧密的瓷罐子里。这对安茶的陈放是不利的，不仅是湿度过低发酵缓慢，氧气太少酶促氧化反应不完全，而且安茶本身要吸收箬竹叶的香气共同转化。其实在以前，泡饮老安茶时还要把同篓的箬竹叶撕成小片，加入几块共同泡饮，一般泡饮六七遍，最后一遍煮饮。安茶的老梗陈化后，茶人不舍得扔掉，也冲泡饮用，别有风味，更加浓厚沉郁，便形象的叫做"六安骨"。

我新得到的安茶是用紫砂壶来泡的，估计是潮州产的泥壶更适合些。干茶黑褐，汤色是厚重的金黄，香气不算高扬，有沉郁之气。滋味微苦，不算浓郁，然而有特殊的味道，类似生普、茯砖混合竹叶的感觉，喉间还有丝丝清凉之感，嗯，到底还是安茶。

九品莲：草木丹气隐

九品莲是禅茶。禅茶这个定义很模糊，就理解为寺庙茶吧。佛教看重莲花，从污泥中生长，本是苦痛的人生，却偏能苦中作乐，以苦为养料，开出庄重圣洁的花来，美得让天地乾坤为之静谧安然。佛陀和菩萨都以莲台作为法座，莲台之上，红尘不侵，杀劫不起，出离轮回。上中下三等莲台，每等又分三级，故而一共九品，佛陀自然是端坐在九品莲台上望着众生。

岩茶的命名大部分都是一种境界的想象，九品莲不光是佛教茶，而且据说可冲九泡，每泡皆有变化，妙香庄严。我一来味觉不那么敏锐，二来也从不把天地因果这等大事寄托在外物身上，哪怕它是一泡茶，也不应该承担这些本该人类自己承担的问题。所以，我没有品尝出如此玄妙的感觉，但是确实，我能感受到九品莲别有一种类似莲花的清气——草木之气。

西汉的大文学家枚乘在他的《七发》里面写道："原本山川，极命草木"，就是陈说山川之本源，尽名草木之所出的意思。古代的人为什么这么在乎山川、草木？因为他们比我们更加懂得自然、尊重宇宙。藏族人对山、对湖要去景仰，要去膜拜，我们大多数人要去攀登，要去征服。到底谁更愚昧？藏族人比我们这些崇尚征服的人更擅长和自然和谐相处，从而得到久远与未来的生命感悟。

茶本来的意思就是"人在草木间"啊。而恰恰，佛教的修行也是以众生皆脱离轮回为己任，这是慈悲；以自己首先有大智慧才能自度度他，这是菩提。不论我们如何修行，不是夸耀自己有什么稀有贵重的法器；不是去追求配饰繁复精巧的佛珠；不在于洋洋自得自己对佛经的理解，而是如何放下身段去实践，一如走在山野里去嗅草木散发的清香。只要真正的慈悲，只有不断学习洞见的智慧，我们才是真正在修行啊。

　　我想，九品莲的意义更在于此。它散发自身的草木清香，将我们从昏沉中唤醒，抚慰我们浮躁的心灵，让我们能够更好地思索生命与人生。九品莲，和那些无私奉献的草木一样，是我们今生能够有大机缘遇上的修行莲台。

立冬

立冬 君子俭德
The Beginning of Winter

　　明代书法家尤善隶书的王稚登写过一首《立冬》诗："秋风吹尽旧庭柯，黄叶丹枫客里过。一点禅灯半轮月，今宵寒较昨宵多。"天气是一天比一天冷了，冬天也来了。《月令七十二候集解》说："立，建始也，"又说："冬，终也，万物收藏也。"意思是说秋季作物全部收晒完毕，收藏入库，动物也已藏起来准备冬眠。

　　立冬三候："一候水始冰；二候地始冻；三候雉入大水为蜃。"前两候很好理解，非常贴合天气变化。立冬后，北京一带有可能已经下第一场雪，水已经能结成冰；而土地也开始冻结。第三候"雉入大水为蜃"，和古代人的直接观察有关——立冬后，野鸡一类的野生禽类便不多见了，而海边却可以看到外壳与野鸡的线条及颜色相似的大蛤。所以古人认为雉到立冬后便变成大蛤了。

　　这种种自然现象反映到人文上，古人将其上升到了一个哲学的高度。天气日渐寒冷收缩，天地之间的某些能量已经无法交流，故而大地开始冻结，从而保有春夏剩余不多的能量。而对应人间，立冬意味着"天地闭，贤人隐"，贤人顺应天时归隐了，小人们就粉墨登场了。故而君子要格外小心，注意和大地一样开始内敛、收藏，不要招摇，以防小人的忌恨——"君子以俭德避难，不可荣以禄"。《周易》如此看重的道理，我们今天应该认真地去感悟。当今社会充斥着种种浮躁，从个人身心到天下的安危，都是因为不节俭、奢靡造成的。这个"节俭"，不是让你丢掉物质文明，而是要平衡，不要不加节制地放纵欲望，那样虚荣就来了。一旦虚荣，形式主义就出现了；万事一旦搞形式、讲排场，不仅浪费资源，而且让别人嗔恨。一个人的福报是有限度的，你把它花完了也就意味着到了尽头。而从另一个角度来看，一旦不节俭就会互相攀比，一旦攀比就会时常超出自己的资源能力，这样就要对别人有所求，去巴结谄媚，行为就让别人瞧不起，做出来的行为就低贱。《朱子治家格言》说，"见富贵而生谄容者，最可耻"。

所以节俭有很多好处：一是做人足够硬气，有君子浩然之气。二是正因为节俭，需要靠自己，所以君子自强不息。三是节约福报，自然幸福绵长。这种种节俭，首先控制的都是人们自己的欲望。

我从 2004 年开始想要吃素，断断续续地吃过几段时间，然而最终都放弃了。因为我对肉和美食还有欲望。巧合的是，到了 2014 年的立冬，我开始认真地思索这件事。由于工作和爱好的原因，我能接触全世界各种各样的美食——布列塔尼的蓝色龙虾、关东关西的海参、四只就可以一斤的南非鲍、阿拉斯加的帝王蟹、俄罗斯的鲟鱼子、中国的野生大黄鱼、鸵鸟肉、和牛肉、熊掌肉、鹅肝酱……我一路吃下来，以为那就是美食家的荣耀之路。直到 2014 年的立冬后不久，我被邀请看一场大型的蓝鳍金枪鱼解体秀。蓝鳍金枪鱼是非常稀少的金枪鱼品种，一直生活在深海，肉质也极其鲜美。然而在那次，虽然幽暗的灯光下那条庞大的鱼已经死去，但望着分到我面前餐盘中很值钱的一大坨生鱼肉时，我突然冷汗如雨下。我仿若在暗黑的禁闭室内问了自己一个问题：你何德何能，享受这么多不寻常的美食？2014 年的 11 月底，我前往泰国为泰国诗琳通公主大寿泡茶，在风光秀丽的泰国楠府，参观一座古老的佛教寺庙，我突然觉得我可以吃素了。这一次的吃素，我不再对肉有欲望，也便坚持了下来。这都是托立冬的福，托老祖宗们对世事洞明的福。

又一次的立冬到来，我为它选择了两款茶：一款是陈皮普洱茶，一款是宁红龙须茶。两款茶都是收敛的、温暖的，为即将到来的整个冬天做准备吧。

宁红与龙须，五彩络出安宁世

　　我很久不喝宁红了。在我小时候，宁红是鼎鼎有名的红茶，老人们都说"先有宁红，后有祁红"。然而这几年，在全国"一片红"的氛围里，感觉宁红却有点销声匿迹了。说"全国一片红"，是因为在中国所有产茶省份皆有红茶出产，而且表现都不俗——龙井可以做红茶，就是九曲红梅；川红、英红、宜红、滇红……各擅所长，各有特色；闽红出了金骏眉，一时间声名赫赫；台湾省还有红玉，滋味、香气皆为上品；就连河南都出了信阳红，成为红茶新贵。在这看不见硝烟的茶叶市场上，江西的宁红，真的是默默无闻了呢。

　　宁红工夫茶产于江西修水。修水在唐代为武宁县，后来拆分归属于分宁县，元代升为宁州，明朝延续，清嘉庆六年（公元 1801 年）改名义宁州。宁红大约创制在清乾隆朝后期，地名在宁州和义宁州更迭的时代，故而称之为"宁红"，而不是"修红"。在我个人的品鉴体系里，宁红算不上高香，或者说它的香气沉稳低回。干茶的色泽倒是非常符合红茶的传统特征，是乌黑油润的。茶汤色重，红艳明亮，质感厚重，鲜醇爽口。

　　后来机缘巧合，得到了茶友寄来的宁红野生茶和龙须茶。宁红野生茶的滋味我还算熟悉，金毫很少，不过茶汤在沉稳中出现了野性，带来了一丝活泼之感，倒和原来喝的宁红工夫感觉不同。龙须茶我未曾见过，所以喝了一个，剩下的两个立刻决定封存作为标本保留。

　　其实龙须茶的外形很像小一号的普洱"把把茶"，根根直条，色泽乌黑油润。而底部用白棉线紧扎，通体再用五彩丝线络成网状。查了一些资料，知道了宁红龙须茶的来历——早期宁红也是出口产品，每一箱宁红散茶约 25 公斤，第一批优质宁红的箱子中，要用龙须茶盖一层面，作为彩头。

龙须茶的冲泡也和一般红茶不同，更适宜用玻璃直筒杯或玻璃盖碗，冲泡时，找到彩线头，抽掉花线后放入杯中，此时整个龙须茶便在茶汤基部成束下沉，而芽叶朝上散开，宛若一朵鲜艳的菊花，若沉若浮，华丽明艳。

当茶叶越来越无法出尘，而被所谓市场引导不再成其为自己之后，在市场充斥着无数失掉特色、一窝蜂逐利而产生的产品乱象中，能看到如此传统的龙须茶，我的兴奋可想而知，它可是历史的见证啊。

不管历史如何演变，人们对美的追求永远都不会变。美是历史、是传统、是独特的环境、人文映射出的多姿多彩。我们看自己和我们看茶，总是会陷入最终呈现的色相之中，而不能看到这背后的天地、人伦、情感、过去与未来。我们总试图通过比较去得到一致，而不是分辨和表述不同。我期望着在社会发展的同时，我们和茶都能够保有自己的传统，靠自己的特色找到自己的天地，而不是泯同于众人，那样最终会被湮没在历史的洪流中，默默无闻、静寂无声。

陈皮普洱：手持淡泊的花朵

突然胃疼，如无限制地膨胀，要裂开般的疼痛。一日、两日、三日……终于去做了胃镜，结果是慢性浅表性胃炎伴糜烂，从此再无宁日。虽然已经慢慢不发作，然而稍微得意忘形，便胀气、疼痛、泛酸、打嗝，提醒我它是多么得委屈。问大夫，大夫一脸看透世间的云淡风轻：不能吃生冷硬辣，咖啡、酒都不能喝，慢慢养着吧。逡巡很久，我问：茶能喝么？大夫从清冷的眼镜片后射出两道直指人心的光芒，闪烁几次，终于说：少喝点，自己的身体要紧。

如得圣旨般，被贬的人，突然来了赦令，原是不用抄家的。忍了几日，还是无法修行到视白水如同甘露般的境界，一咬牙，喝吧。再喝茶，拿出许久不用的小型电子秤，绿茶 4 克、乌龙 7 克、普洱 8 克……一路科学计量的来。以前不怎么待见熟普洱，现在因为发酵的茶刺激小，天天想着法整了来喝——泡着喝、煮了喝、加点姜片喝，然后就发现了一个小球，朋友送的陈皮普洱，却一直没开外面包着的塑封膜，趁此喝了吧。

我对陈皮有强烈的好感，因为它理气、化滞，调理脾胃，而且又不像砂仁那么霸道——对肠胃虽好，对元气却杀伐太过，不能久服。而熟普洱虽然夺天地之功，功效到了，可是毕竟不是时光慢存下的产物，其堆味令人不悦。但是熟普洱最大的好处就是不争，把鲜叶的锋芒全部蕴藏进发酵的磨折之中，变成少年老成的沉默不语。所以它可以和任何的东西配搭——姜片、红糖、大枣、牛奶……自然和同样静看岁月流淌的陈皮搭配，那更是极好的。

可惜的是，市面上难遇好陈皮。而陈皮普洱茶的制作工艺据说是：将柑橘（广东新会的柑橘最好）底部割开一圆洞，把里面橘肉掏空，然后将优质普洱灌入其中，缝合橘皮，最后利用炉温暗火烘烤26小时，让干茶叶与鲜橘皮相互吸取精华，使其在相互发酵中形成风味独特的陈皮普洱茶。这段描述有几个疑惑之处：一、这里的普洱茶到底是生普洱还是熟普洱？我的理解应该是熟普洱。二、这个相互发酵需要几年？我自己觉得可能得三四年以上。

还是别管那么多了，开汤冲泡。茶叶是细小的，应该是普洱茶里宫廷普洱的级别。放一些茶叶，又掰碎几片陈皮，用滚水冲了，盖上壶盖静静地等。特意少放了些茶，为的是有更长的时间浸泡，茶汤不要一下那么浓，而给陈皮一段时间。倾出茶汤，有淡淡的陈皮香气飘出来，茶汤开始是棕黄，后来是红亮的血珀。喝了一口，呀，陈皮香气在口腔中萦绕，茶汤顺滑地流入肠胃，在暖意之外还有别样的熨帖，舒服的茶气在体内流淌。

这就是人生的美好了吧？不是你突然高中百万彩金，而是你无所求，却突然得到超过你期望的美好。如果千百世后，我能在净土行走，我愿手持淡泊的花朵，在天地间与美好不期而遇。

小雪 自昭明德
Lesser Snow

每年的 11 月 22 日或 23 日，太阳到达黄经 240°，我们迎来了二十四节气中的第二十个节气——小雪。《月令七十二候集解》解释小雪这个节气说："十月中，雨下而为寒气所薄，故凝而为雪。小者未盛之辞。"这个解释很到位，就是说已经出现了雪的现象，但是不是很明显。而《群芳谱》中进一步说明："小雪气寒而将雪矣，地寒未甚而雪未大也。"

雪在中国古代非常受重视，诗人们也经常吟诵有关雪的篇章，故而，雪在中国古代有很多别名，往往富有诗意化。比如"银粟"、"玉尘"、"玉龙"等等，大家比较熟悉的应该是"六出"，从最常见的雪花形状得来的。雪为什么有如此重要的地位？不仅仅是因为它纯洁、美丽，更重要的是它有极强的净化作用，中国古人其实早已发现雪是病菌的克星。下雪时，雪花从天空飘飘洒洒降至地面，在飘落过程中，顺带将空气中的各种污染物和流行病菌等粘附在一起降至地面，从而净化了空气，这样就减少了流行疾病的发生。而雪融化的时候，需要从周围吸收大量的热，这样便使土壤表层及越冬作物根部附近的温度骤然降低。这突如其来的降温，会使得从空中随雪花降落的流行病菌和躲在作物根茬、秸秆、树叶与杂草中的害虫卵及病菌措手不及，坐以待毙。所以，对于植物来说，雪的杀菌灭虫效果，比打一次农药还要好，对来年春天作物病虫害起到了很好的抑制作用。

雪的抑菌意义反映到人文上，我们以火地晋卦的符号来表达。晋卦的象辞是这么说的："明出地上，晋。君子以自昭明德。"意思是说，晋卦上卦为离，离为日；下卦为坤，坤为地。太阳照大地，万物沐光辉，是晋卦的卦象。君子观此卦象，从而光大自身的光明之德。这个卦一般都表示整体处于一个不断上升的态势，虽然也许表面上看遇到一些困难，但要迎难而上，因势利导，争取众人支持，克敌制胜。决不可因一时困难而自暴自弃，应更加积极地创造条件。前进中的挫折不可免，只要动机纯正，必可转危为安。所以，看似天寒地冻，实际上恰恰是休养生息的好时机，为来年开春的更加美好开始做精心的准备。

到底怎么自昭明德呢？民间的法子是比较直接的。中国古人非常在意并且大力推荐的就是小雪开始要经常晒太阳。阳能助发人体的阳气，特别是在冬季，由于大自然处于"阴盛阳衰"状态，而人应乎自然也不例外，故冬天常晒太阳，更能起到壮人阳气、温通经脉的作用。其次就是多听舒缓的音乐。清代医学家吴尚说："七情之病，看花解闷，听曲消愁，尤胜于服药者也。"再者，就是饮食调理。小雪之后，日常可以多食用黑豆。主要是为了补益肾气，为人体精气冬藏提供条件。

这个小雪节气里，我选择了两款茶：一款是用龙井树种的叶片制作的红茶九曲红梅，有着一般红茶难以融合的清爽，恰好适宜虽凉不寒的小雪气候；一款是我定制的宁德野生红茶昔颜，往昔之颜却值得回味，算是向今年告别、对明年展望的意味吧。

九曲红梅：最是思乡情怀

2016 年的小雪节气那天北京下了雪。雪很小，大地上薄薄的一层白。北京这几年都没有正经下过雪，也便不再有踏雪寻梅的兴致。北方多的是蜡梅，黄色的小花，清妙的香气，唯一美中不足的是枝条过于直愣，缺乏矫若游龙的美感。蜡梅是蜡梅科蜡梅属的植物，其实不是我们古人所说的梅。文人的梅，大都指的是梅花，是蔷薇科杏属的植物，花色红、粉、白居多。梅花枝条清癯、遒劲，或曲如虬龙，或披靡而下，多变而有韵味，呈现出一种很强的张力和线条的韵律感。这种感觉在中国的传统文化中呈现不可磨灭的基因。梅花其实是比较好繁殖的，用种子播种也可以，用扦插的办法也可以，用嫁接的办法也可以，用压条的办法也可以。这一点也像中国人，不论什么苦难，我们的祖先总能在不断的迁徙中存活下来。

九曲红梅的创制可追溯至 19 世纪中叶。1851 年的太平天国运动从广西开始，起义军和清廷的斗争在两三年内迅速将战火烧至湖南、江西、安徽、江苏，整个长江水道的运输废弛，平民流离失所。武夷山的茶叶外销受阻，茶农被迫北迁。当他们走到杭州一带时，发现那里山水清幽，和家乡很像，便定居了下来，开荒种田，繁衍生息。后来发现当地亦出产茶叶，而且龙井茶大名鼎鼎，春天细嫩的茶芽都用来精制龙井绿茶，他们便用夏天的龙井茶按照武夷山的办法制作红茶，本来这种试验更多的是对故乡的怀念，没想到制成的红茶，味道别有一番类似梅花的香气，汤色红艳，茶农们便起了个名字叫做"红梅"。产地怎么说呢？像浙江龙井或西湖龙井一样叫做西湖红梅？茶农们想到自己的家乡，武夷山丹山碧水的九曲溪，那里才是他们真正的家啊，于是"九曲红梅"得名。九曲红梅天生带着思乡的情怀。

九曲红梅是江南茶区唯一的红茶品项，加上质量绝佳，自然价格不菲。中国茶叶博物馆收藏了一张民国年间翁隆盛的价目单，翁隆盛是清朝绵延至民国的江南三大茶号之一。这张价目单上，虽然上好的狮峰春前龙井茶，每斤是六元四角，但是同样是本山龙井，价格最低的"本山心"每斤价格只有二角五分六，而"上上九曲"每斤价格一元六角，普通"九曲"每斤价格九角六分，九曲红梅在当时绝对是高端茶了。更有意思的是，这张价目单上，红茶的分类里还包括"乌龙"，而九曲红梅以前也叫做"九曲乌龙"。民国期间有位茶商俞鹤岩，他写了一篇叫做《红茶业经营之密诀》的文章，里面说"红茶之总名，曰乌龙"，可见当时红茶、乌龙的分类不是很清晰。

九曲红梅是旧时的乡愁，却是我的寂寞。我虽然去过多次杭州，却在 2006 年才初识九曲红梅。这同样产在杭州的红茶，不论自身如何，笼罩在龙井的盛名之下，怕也是寂寞的吧？如果知音难觅，往往不如归去。弘一大师在灵隐皈依佛门，他曾经是诗词、绘画、书法、音乐样样无两的风流才子，也许是艺术已经不能满足他浩瀚的心灵，他在佛法的世界里慰藉着寂寞。可是身在红尘里低微如我们，只能把寂寞当成一份享受吧。我自己创立的茶学体系叫做"清意味"，用了邵雍的两句诗"一般清意味，料得少人知"，很多自己对茶的感受，尽管你努力去教，然而听的人各有各的理解，谁都很难完全被别人所理解。

没有做好归去的准备，不如喝杯茶吧。面前这碗九曲红梅，干茶蜷曲拧折，如蚯蚓走泥之痕，乌褐无毫，偶有金色，冲泡后茶汤黄红明艳，香气沉郁，顺滑甜甘。轻啜一口，有坦洋之风，而多深沉之味。红茶之中，综合为高。

想着，下次再去杭州，一定去访访九曲红梅，看看覆盖这座城市的另一种茶香。

宁德野生红茶：无意无心的野茶

在马连道逛茶城，开茶室的小杨带我去了一家店。店主是个能说会道的小姑娘，喝喝茶，聊起了她小时候做茶杀青的一些经历。是个懂茶的人呢。我就多坐了一会。喝完福鼎白茶，她拿出来 2013 年做的一款红茶。

瀹泡出来，喝了一口，一下子抓住了我。红茶我喝过不少，最喜欢的是正山烟小种，不是其他的红茶不好，而是"适口者珍"，烟小种的烟火气糅合了红茶的果蜜花香，变得不那么腻人，喝起来爽利多了。后来也找过很多种云南野生红茶，一般用大叶种茶树制成，我却没找到合心意的。要说滇红，还是凤庆传统的制法要好很多。

今天喝到的这款野生红茶，条索倒不肥大，而且也不是当年的茶，可是喝起来，回味悠长，汤感直接而清晰，非常有张力。喝了一会，两颊微微发热，后背也微微出汗，感觉很舒畅。问店主这款茶的名字，她却没起。问了问店主的家乡，原来是宁德。是大白毫、白琳工夫和坦洋工夫的产地呢。

能碰到一款合心意的茶是运气，而碰到合心意的红茶尤其是野生红茶更是难上加难。野茶茶树生长在原始的草丛植被当中，无人管理，当然也不会使用农药、化肥，味道非常得干净，充满了山野的气息。我买了一些拿回办公室。不久后一位同事在我办公室谈工作，我就泡了这款野生红茶。他是个平常不怎么喝茶的人，结果很突然的，说，这茶不错，有很悠远辽阔的感觉。你看，一款好茶实际上不需要你有多么深的品茶技巧，只要静心品味，就能有所感所得。

　　这种感受，其实更多的是一种"舒服"——这是一种心灵的自由，在喝茶的那片时片刻，觉得放下了其他的一切，就是在品饮这一杯茶。而这款野生红茶，它把"野"字表现得很好，不是粗野，而是不受束缚。我们泡茶也好、制茶也好，应该向先贤学习。我们很多时候过分地在乎泡茶的流程、动作，过分地追求某种茶器，过分地追求某个山头的茶叶，当我们追求的越多，我们分散的精力越多，得到的就不那么单纯，也不那么有力量。这款野生红茶，在它生长的时候没有被寄予那么多的追求和期望，因而得到了一种单纯的味道，甚至我在喝茶的时候仿佛可以感受到它在山间生长那种无拘无束的快乐。

　　这款茶产量不多，甚至是在碰运气。如此，更让我想念它昔日的样貌，想了想，我在宣纸上写了两个字：昔颜。这是我送给它的名字。

大雪

大雪 阴盛阳萌
Greater Snow

　　"大雪"是农历二十四节气中的第二十一个节气，更是冬季的第三个节气，标志着仲冬时节的正式开始；其时太阳到达黄经255°。《月令七十二候集解》说："大雪，十一月节，至此而雪盛也。"大雪的意思是天气更冷，降雪的可能性比小雪时更大了，并不指降雪量一定很大。

　　作为山西人，我们太原冬天的雪可以下到很厚，我也非常喜欢雪，下了雪，空气都是过滤过般的干净，吸到鼻腔里令人清醒兴奋。大地上、屋顶上都是舒心的洁白，衬着天空格外得高远。有一次去五台山，山顶的雪更为松厚，也因为人烟稀少更加洁白，越发显得叶斗峰的松树有着高深莫测的禅意。因为小时候接触雪是个很常见的事，便不知道因为南方很多地方没有下过雪，他们对雪的认知是不同的。比如他们会把我们叫做"冰棍"的东西叫做"雪糕"，其实不是加不加奶的问题，因为北方也有雪糕，我们分得比较清楚，南方一律叫雪糕。北方人传统上怎么分呢？凡是人为的冰冻，那么归属于"冰"的范畴；而天降的看似绵密实则松厚的则属于"雪"的范畴。

　　北方人还有一个对雪的认知是从小就得到灌输的，就是"瑞雪兆丰年"。冬天大雪覆盖大地，像盖了大被子一样，保持地面温度不会因寒流侵袭而降得很低，为作物越冬创造了良好的条件。积雪融化时又增加了土壤水分含量，供作物春季生长所需。雪水中氮化物的含量是普通雨水的五倍，有一定的肥田作用。故而凡是冬季大雪天比较多的，来年庄稼的收成都不错。

　　这个认知是非常直观的认知，其实中国古人的认知更为高妙，他们用地雷复卦来形象地表示。复卦象曰："雷在地中，复。先王以至日闭关，商旅不行，后不省方。"意思是：本卦内卦为震为雷，外卦为坤为地，天寒地冻，雷返归地中，往而有复，依时回归，这是复卦的卦象。先王观此卦象，取法于雷，在冬至之日关闭城门，不接纳商旅，君王也不巡视邦国。雷在地中振发，喻春回大地，一元始，万象更生。所以天地大雪，看似寒冷阴盛，却为阳的萌发奠定了基础。

天气寒冷，为着增加阳气的储备，除了喝茶，我还特别喜欢闻香。门窗幽闭，室内空气不够流通，香气便能持久。绝大部分的香方使用的香材都是升补阳气的。我其实一直都觉得中国古代的合香很神奇，那些看似没有联系的材料组合在一起居然能够出现不同的嗅闻感觉。除了"沉檀龙麝"之外，大部分的香材都很常见，比如茴香、桂皮、豆蔻、藿香、丁香……怎么样？是不是觉得很熟悉？我反正一开始觉得闻了不少按照古方制作的香丸，都有点"卤肉料"的味儿。其实这些香丸是需要空熏的——将香炭遮蔽明火埋在香灰中，通一小孔洞让它保持燃烧，上面架一小片银叶子，再放上香丸，用热力把香味逼出，就有好闻的味道了。我常用的是"李主帐中梅花香"。梅花香的方子有很多，其目的都是利用不同的香材组合，模拟出梅花特有的冷香韵味而达到幽而不淡、香而不浓、暗香浮动的悠远与冷傲之感受。我喜欢李煜的方子，在于我一般不舍得直接空熏，而是直接散开放在房中，香气基本闻不到后再用香炉空熏。李煜的方子味道是比较浓郁的，沉檀龙麝的量都比较大，适合在室内直接嗅闻。

还是说回茶。这个大雪节气，我选择了两款茶：一款是心脏型的紧茶，一款是我大爱的六堡茶，都有祛除湿气、护藏阳气的效用。

紧茶之心

　　紧茶是普洱茶里不常见的一种型制。普洱茶常见的是砖、饼、沱，又有金饼、银砖、铜沱的说法。砖一般是 250 克，饼一般是 357 克，沱一般是 100 克，不成文的理解，饼转化最为迅速，砖次之，沱又次之。怎么又出来一个紧茶呢？砖饼沱哪个茶不紧呢？这是一个特有的说法，紧茶就是带把儿的沱茶啊。

　　沱茶带把，像个胖蘑菇，但是藏区的人们觉得它长得像牛心，形象地叫做"心脏形紧茶"。这种型制的茶，本来也是为藏区生产。过去藏销茶由马帮驮运，从滇入藏，路途遥远，常因受潮而霉变。为使茶在驮运过程中有足够空间散发水分，防止霉变，逐渐形成了紧茶独有的带把香菇造型。由于紧茶带把儿，藏民向喇嘛敬献时也非常方便，可一只手握两个，同时献上四个紧茶。故而深受藏区人们喜爱。

　　1941 年，康藏茶厂成立，生产专供西藏的"宝焰"牌心脏形紧茶。紧茶上著名的"宝焰"牌商标，由红、黄、黑三色、三个部分组成，颇具意义：香炉采用宝鼎黑边、金黄色全鼎；炉内四个桃形图像系元宝，象征贡茶；炉内的红色火焰象征佛光。但是康藏茶厂生产紧茶，有个实际问题——那就是运输成本远远高于茶叶本身的价值。藏商到云南收购紧茶，一元一个，贩到藏区，四元一个，茶马古道上的运输本钱大大高于茶价。下关离藏区较近，在地理位置上有优势，于是紧茶的生产重心慢慢移到下关。

　　1949 年后，下关茶厂成为心脏形紧茶唯一的生产厂家，后因时代原因于 1967 年停产。1986 年，尊崇的第十世班禅额尔德尼·确吉坚赞法王亲临下关茶厂，希望恢复生产西藏人民喜爱的心脏形紧茶。于是，标以"宝焰"商标的紧茶才又复现于世。为迎接班禅的到来，下关茶厂选用上等原料精心制作了礼茶。这批经班禅大师点化重新生产的礼茶，一共只有 25 公斤，每个 250 克，正好 100 个，被后人称为"班禅紧茶"，通俗的叫法就是"班禅沱"，并且迅速受到追捧，成为普洱茶中的极品。但是，除了下关茶厂献礼给班禅大师的这 100 个班禅沱，班禅大师又订购了一批紧茶，也使用宝焰牌商标，主要送到了青海藏区。

这个历史的进程告诉我们几个信息：（1）班禅沱是紧茶，但紧茶并不都是班禅沱。（2）紧茶因为是边销茶，茶叶原料等级并不高，更适合煮酥油茶。（3）班禅沱的茶叶原料和一般紧茶是不同的，等级提高了很多。（4）真正意义上的班禅沱就是 1986 年下关茶厂生产的，其他厂家生产的不是班禅沱；哪怕是下关茶厂后期选用同等级原料、使用同一工艺生产的紧茶，实际上只是班禅沱的复制品。当然，也许存放下来品质是一样的。（5）以 2014 年来说，不可能有超过 28 年的班禅紧茶。（6）市面上所谓的老班禅沱、第一批班禅沱，基本上是不可能的。试想，过去20 多年的 100 个班禅沱，能剩下的又有几个？（7）1986 年还生产了宝焰牌紧茶，但是和班禅沱礼茶使用的原料等级应该是不同的。（8）班禅紧茶是生茶，而不是熟茶。

我手里没有真的班禅沱，倒有一个 20 世纪 90 年代左右生产的宝焰紧茶。茶叶用的等级倒并不算太低，茶条索扁长，颜色深栗，冲泡后汤色前几泡是深栗，后几泡是红浓。气味上却有些问题，有隐藏不住的仓味。推测应该是将此茶入了湿仓，人为加快了转化过程，退仓又不到位，才有如此气味。茶汤喝起来水细薄利，燥喉微甘，茶气淡弱，叶底黄栗，色泽驳杂。

我在心里叹了一口气。今天市场经济中的商业浮躁已经走到一个极端：彻底抛去理想、信念以及信仰，完全忘了还有明天。也许，这种抛去比醉生梦死还要可怕，沉沦的不只是肉体，还有无处可安放的心灵。

槟榔香里说六堡

我喝六堡茶少，不是因为不喜欢，而是一直心存疑惑：所有书上介绍六堡茶的"槟榔香"，我怎么一直没喝到过？虽然我不怎么吃槟榔，但对槟榔那种味道和感觉还是有印象的，为何在六堡茶里却从未喝到？是哪里出了问题呢？后来小兄弟罗世宁送了一些老六堡给我，陈化22年的我还没喝，先喝了陈放十几年的，感觉口感醇和，但是仿佛更像熟普洱陈化后的味道，也没尝出槟榔香。后来工作一忙，也就没顾上再品，却对此一直耿耿于怀。

按这两年流行的说法，"念念不忘，必有回响"。一两个月后，茶人柴奇彤老师送了我一些十年六堡老茶婆和三十年六堡茶的茶样，并向我大体讲述了六堡茶的传统制作工艺，我于是感到这次可能摸对门了。不久后，抽了个时间，没敢先泡三十年的，先泡老茶婆。也没敢多放，结果茶汤一出来，我就知道淡了，没太感受出六堡茶浓醇的味道。又过了一段时间，带着破釜沉舟、背水一战的悲壮，决定还是把三十年的老六堡泡了，置茶量也大，虽然不舍得，"不成功便成仁"，就这么定了。

忐忑的冲泡了，茶汤一出来，是红浓明亮的感觉，飘着雾气，当时我眼睛就湿润了。战战兢兢又满怀期待地喝一口，嗯，初入口的参香还是像普洱茶，可是马上就弥散开来，这会儿的味道有木香、陈香，甚至还有一点点烟味、土腥气，我放下茶盏，静默一下。就在这时，喉头涌起一阵一阵的凉意，并且下沉往复，不断回旋，久久不散。槟榔香、槟榔香，我找了二十年的槟榔香，原来你不是香，你是这喉头里凛冽、清凉的感受！我觉得我的心里一下子通透了，仿佛武林高手多年的练功瓶颈被一朝打破般的喜悦，差点"手之舞之足之蹈之"，马上发了一条微信给柴老师，告诉她："这茶，好得不得了。"在这个时候，什么形容词都是苍白的，就是这么直白地表达我的喜悦。

回顾一下六堡茶，它确是不寻常的茶类。六堡茶，顾名思义，产自广西梧州市苍梧县六堡镇，又以塘坪、不倚、四柳等村落产的茶最好、最为正宗。当然，这些年六堡茶名气渐渐为外人知，六堡茶生产不得以寻找外界原料，凌云县、金田县、玉平县等都生产六堡茶或供应原料茶。其实这个"为外人知"也不准确，六堡茶在东南亚一直是声名赫赫的，只是在国内，抗战后期生产有所中断，大约到 20 世纪 50 年代后恢复生产。

不过，我想也许在农家，六堡茶是一直延续的，因为它是六堡镇家家户户的必需品。传统的六堡茶制作，就是茶农采摘山间的茶树，都是相对比较粗老的鲜叶，茶梗也很硬，需要在锅里用热水烫一下再捞出，称之为"捞青"，之后就摊凉，温度降下来后才可以揉捻，然后放到锅里炒，主要是走一部分水分，不会特别干燥，趁软直接塞进大葫芦里或竹篓子里，压紧匝实，直接挂在厨房阁楼里，下面就是灶台，烧柴火烟熏火燎，做饭水汽蒸腾，水湿、烟熏、干燥循环往复，而最终慢慢干燥，同时后期陈化发酵，成就了六堡茶的一段传奇。这种做法，也直接决定了六堡茶在传统上是没有喝新做的茶的，而是喝旧有的已经干燥了的。

当六堡茶的需求量大增以后，不仅原料茶不再够用，连制作工艺也无法维持传统，必须使用大批量茶青在发酵池里"沤堆"。这是一种类似于普洱茶熟茶"渥堆"的工艺，但这样说也许不够准确。一是六堡茶的冷水发酵工艺更早，大约在 20 世纪 50 年代发明；第二是它和普洱茶渥堆发酵工艺有关键不同之处。六堡茶冷水发酵前的毛茶是已经堆焖过的，而发酵后的六堡茶仍有后发酵的空间。我尝试了不少 2000 年至 2010 年之间的冷水发酵六堡茶，呈现了很多不同的汤感和香气差异，并且仍有一定的力量感。当然在层次的丰富性和细腻度上，它达不到传统工艺六堡茶呈现出的绚烂到极致的那种淡然和世事洞明的不动如山。

广西梧州市苍梧县六堡镇，一个小镇，赐名于茶，而又因茶而名。茶是生活必不可少的部分，因为生活，所以光阴蕴含其中。陈放、转化、升华，时光的味道。蕴含在茶汤中老六堡茶的生命虽然内敛，却依旧充满了不息的萌动。

细思这么多年，我一直没有系统地学过茶，然而对茶，我也没什么可抱怨的。有无数个瞬间，我与茶相会，体味着它们蕴含的光阴的伏藏。不论是一年、十年抑或三十年、一百年，我和茶的缘分能够跨越空间和时间，在宙极大荒、红尘万事中演绎充满感激的幻梦。

冬至

见天地心

The Winter Solstice

太阳运行至黄经 270°，太阳直射地面的位置到达一年的最南端，太阳几乎直射南回归线，这一天是北半球各地一年中白昼最短的一天，并且越往北白昼越短。对北半球各地而言，这一天也是全年正午太阳高度最低的一天。这一天我们把它叫做"冬至"。

冬至对于中国人来说非常重要，它是二十四节气中最早确定的一个节气，同时，它不仅仅是一个节气，它出现最初的意义是作为一个盛大的节日——新年。周代以冬十一月为正月，以冬至为岁首。直到汉武帝采用夏历后，才把正月和冬至分开。汉代以后，即使冬至不再作为新年，它也是一个非常重要的节日，简称"冬节"。《后汉书》中有这样的记载："冬至前后，君子安身静体，百官绝事，不听政，择吉辰而后省事。"所以这天朝廷上下要放假休息，军队待命，边塞闭关，商贾停业，亲朋各以美食相赠，相互拜访，欢乐地过一个"安身静体"的节日。魏晋六朝时，冬至称为"亚岁"，晚辈要向父母长辈拜节；宋朝以后，冬至逐渐成为祭祀祖先和神灵的祭日。

《月令七十二候集解》中这样说冬至三候："冬至，十一月中。终藏之气至此而极也。初候，蚯蚓结。六阴寒极之时蚯蚓交相结而如绳也。阳气未动，屈首下向，阳气已动，回首上向，故屈曲而结。二候，麋角解。说见麋角解下。三候，水泉动。水者天一之阳所生，阳生而动，今一阳初生故云耳。"冬至过后，进入"数九"时节。冬至是数九寒天的第一天。这也就意味着一年最冷的时间段到来了。然而恰恰是这个时候，阴中已产生阳，什么事情到了极致则必然翻转。天地就是在这阴阳变化中生生不息，不因至阳而暴，不因至阴而滞，这种生化乃天地之心。北宋的大儒张载就提出"为天地立心，为生民立道，为往圣继绝学，为万世开太平"，这也成为他的人生理想。天地本无心，但天地生生不息，生化万物，是即天地的心意，我们人类作为天地之间的万物之灵长，能够体会这种天地心，就是真正地顺应天道了。

我自己的茶学流派叫做"清意流"，注册商标是"清意味茶学流派"、"清意茶流"。清意味，来源于邵雍的诗："一般清意味，料得少人知。"我们传递茶事的美好，然而每个人内心真正的得到是旁人难以窥探的。至于流派，我想至少应该有自己独特的思维方式，对茶的理解、评价有自己的流派特点和标准。清意流有自己的坚持原则，四个字——正、净、清、雅，并且四字轮转，生生不息。它是我们通过茶事活动而将美好沉寂于心，又能在外化现的基础。但是，首要的根基是"正"，对己正、对茶正、对人正，才能见自己、见天地、见众生。

这个冬至节气我选择了两款茶：一款是岩茶正太阴，对应阴极而不能无阳之意；一款是红茶正山烟小种，是置之死地而后生的茶。

烟正山小种：桐木关的美丽烟云

　　红茶在中国有很多女性拥趸，大多人认为红茶是一款女人茶。红茶又是在世界上饮用最广泛的茶类，英国贵妇的下午茶也基本是红茶。某一年茶友们做红茶品鉴专题，我尝到了不少好茶。对红茶的印象有了很大转变，然而我还是不太喜欢过于细嫩的原料制作的红茶。印象最深的是大吉岭初摘和次摘。初摘的大吉岭茶确实有幼嫩的滋味，然而整体感觉比较单薄，茶气不强，也不持久。次摘的大吉岭茶表现就很丰富，风情万种，富于变化。

　　当然喜不喜欢一款茶，会有一些综合的原因，我的想法是：一来过于细嫩的茶青累积内容物是不够的；第二呢，因为制茶，不仅要有好的原料，还要有认真如法的工艺。过于讲究茶青细嫩，实际上很容易陷入偏颇。从另一方面看，我们还是应该爱生护生，如果茶芽采摘过甚，还是容易损伤茶树。佛教徒有朴素的自然平衡思想——自己的福德应该和享受相匹配。一斤茶叶动辄几万个芽头，鲜则鲜矣，德不配位，岂能安心？

　　我自己非常喜欢的是一、二级的烟正山小种。"正山"开始大约是指高山，因为高山出好茶；也有标榜的作用，正山小种是特指武夷山桐木关一带产的红茶。其他区域，例如政和、福安等地也有仿制，但是算不得正山，只能叫"小种"。烟正山小种在国外，最早曾被叫做"武夷茶"，是武夷山红茶的代表；因为干茶乌黑油润，所以也叫"乌茶"，英文翻译为"black tea"，"黑茶"的意思。而如果是"red tea"，倒是"红茶"

了，可是是指南非的 Rooibos，一种红色的灌木碎，是一种非茶之茶。我们说烟正山小种是世界红茶的鼻祖，你看，它赐予了红茶名字。

关键的问题在于一个"烟"字。正山小种早期在国外还被叫过"熏茶"，烟熏过的茶啊。以前武夷山桐木关一带植被丰富，马尾松很多，但是传统上来说，松木不作为家具等用材，只能烧火了。所以正山小种初制和精制都要用松烟熏，一定是带烟味的，但是现代，又出现了不带烟味的品种，所以为了区别，才有了"烟正山小种"这个称谓。

烟正山小种的起源，是个广为流传的传说，有人质疑：那本身就是个意外。我笑笑，确实，有烟无烟也许并不是个标准，只是我个人喜好罢了。但是，这个意外即使是个错误，它也已经美丽了几百年了。

可是，要想喝到合心意的烟正山小种实在是太难得了！好的小种茶，生长在海拔 1200~1500 米的茶园，云雾蒸腾，被松竹环抱。要用春天的开山茶，传统工艺发酵，再用马尾松和松香认真地熏过干燥，让松烟"吃进"茶里，成为一体。所以好的烟正山小种，绝不是一味的柔，它是一款有山气的茶啊，柔中带刚，是高山上磅礴浪涌的山岚。放置三年以上的烟正山小种，烟气仍然强劲，不过会慢慢转化为干果香，成为一种悠远绵长的韵味。

曾经托人找了很久，终于有款不错的烟正山小种，有高山的气韵，也很耐泡，可是香味没有那么持久，不能做到层次丰富，在松烟的变幻中茶质慢慢溢出，烟气退失很快。忍不住问了，答道：茶是不错的，可是山上的松木已经不让用了，都是外面的松树运进来熏的。

也罢，那曾经的终将是曾经的，往事不可追，却是永留心间的美好。

正太阴：月华如水

我很喜欢正太阴。

作为武夷名丛，有太阳必有太阴，太阳是刚猛的香气，而太阴却是绵长的。正太阴的干茶紧致柔美，条索均匀油亮，呈乌褐色；口感水香内敛细腻有果香、汤味凝重耐泡软滑、喉韵岩韵强烈。最妙的是它的香气如桂花般幽然，我坐在沙发上，靠近茶盘，已经泡过的正太阴在开着盖的盖碗里沉睡，我却能不时闻到一阵阵的幽香，好闻极了，舒服地熨帖我的身体。

我们经常提醒自己要快，要努力，要奋斗，然而，在这浮躁之中，如果能够停下来，给自己片刻的安静，那是多么美妙而又奢侈的事情啊。为什么我们要快？是因为潜在的恐惧，我们害怕未知的不安全，所以我们如同挣命一般，努力的工作、社交、学习，可是为什么得到的越多，内心却反而更加空虚？生活跑得太快，有了大房子和豪华车，却发现灵魂无处栖息。

记得几年前，我曾经在云南的一家风景区工作，作为管理者之一，需要夜里轮流地巡查整个景区。在夜里两三点，寂静无人的山谷，自己一个人打着手电筒，在山间小路上蜿蜒而行，绝不是一件赏心悦目的事！那些白天美丽的山石、树木、流泉，现在都成了潜伏重重危机的可怕之地。我虽已信佛多年，并且轻声念着金刚萨埵的心咒，仍是步伐越走越快，不时紧张四顾。这真是一场心灵的磨难，其实我也知道整个景区外围的安保措施严密，所谓巡视，不过是对突发的事件或者设备的安全有一个检视，并不会有什么危险，可是我仍然莫名的害怕，尤其是听见密林中不时传来什么声响。

危险在我转过山坳时解除了。我想我一生都将记着那样一轮圆月，安静的悬在半空，虽然不甚明亮，可是那样一片祥和的光铺泻在面前，包融了整个世界，山体黑暗绵延的曲线也被镀上了银光，而且仿佛流动般的，月华如水，我就浮在这一片光华的水里。我知道我不害怕了，因为现在回想起来，我还能在记忆里看到那天月光下树叶上微微的茸毛，路边野草上逐渐凝结的露珠，还有山间泉水的水汽向上升腾，一直向上，直到融入到月光里去。

那种奇妙的感受，实际上给我一点一滴的领悟：阳的温暖给我力量，然而，阴的柔和一样可以让我安静，而安静不就是最大的力量么？想想，我为什么喜欢正太阴？它也是一种有力量的茶啊。

不由停笔，望向窗外，真巧，今夜也是月华如水。

　　全年的第二十三个节气是小寒。小寒大部分会在每年 1 月份的 4、5、6 日其中一天。天气基本会是一年中最寒冷的时候，从气温数据来看，小寒的气温大部分时候比大寒要低。俗话说，"冷在三九"。"三九"多在 1 月 9 日至 17 日，也恰在小寒节气内。但是《月令七十二候集解》中说"月初寒尚小……月半则大矣"，据说《月令七十二候集解》成书于元朝，而节气又主要是依据黄河流域的情况，那么应该有另外一种可能，就是中国古代汉唐宋元时期，在黄河流域，当时大寒是比小寒冷的。而从实际情况来看，小寒还处于"二九"的最后几天里，小寒过几天后，才进入"三九"，并且冬季的小寒正好与夏季的小暑相对应，所以称为"小寒"。位于小寒节气之后的大寒，处于"四九夜眠如露宿"的"四九"之中，也是很冷的，并且冬季的大寒恰好与夏季的大暑相对应，所以叫做"大寒"。

　　小寒是腊月的节气，腊月初八的腊八节也往往在小寒三候之内，甚至与小寒重合。腊八本来自于佛教节日，我国佛典中，萧梁时僧佑《释迦谱》中记曰："尔时太子即释迦牟尼。心自念言：'我今日食一麻一米，乃至七日食一麻一米，身形消瘦，有若枯木。修于苦行，不得解脱，故知非道。'……时彼林外有一牧牛女人，名难陀阿罗。时净居天来下劝言：'太子今在于林中，汝可供养。'女人闻已，心大欢喜。于时，地中自然而生千叶莲华，上有乳糜。女人见此，生奇特心，即取乳糜至太子所，头面礼足而以奉上……太子即复作如是言：'我为成熟一切众生，故食此食。'咒愿讫已，即受食之，身体光悦，气力充足，堪受菩提。"按这种说法，牧牛女人是接受了净居神的指示，而且净居说完之后，地上自然就冒出千叶莲花，千叶莲花之上有乳粥，那么这粥，其实是神所奉献的了。释迦牟尼是喝了这神粥后，气力恢复，灵台清明，终成大道。然而当腊八节进入民间，就改变了原意，增添了很多世俗的喜庆色彩。这其中最得人心的大概就是腊八粥了。

清代富察敦崇所写《燕京岁时记》载腊八粥的做法："腊八粥者，用黄米、白米、江米、小米、菱角米、栗子、红江豆、去皮枣泥等，合水煮熟，外用染红桃仁、杏仁、瓜子、花生、榛穰、松子，及白糖、红糖、琐琐葡萄，以作点染。切不可用莲子、扁豆、薏米、桂元，用则伤味。每至腊七日，则剥果涤器，终夜经营，至天明时则粥熟矣。除祀先供佛外，分馈亲友，不得过午。并用红枣、桃仁等制成狮子、小儿等类，以见巧思。"倒是和今天常见的腊八粥用料不同，今天常用的莲子、薏米、桂圆，那时候都是不放的。

这个小寒节气，我选择了两款茶：一款是安徽的古黟黑茶，一款是曾经万里外销的茯砖，都可以煮着喝，想起来就觉得有暖意。

古黟黑茶：新安大好山水滋养的好茶

有一次我去茶博会，无聊地到处乱走。因为茶博会现在搞得基本上就像农村大集，鱼目混珠，打折叫卖，不见斯文，亦无体验。要不是周末休息不想一直窝在家里，我也不会去，就想着当散步运动了。信步间看见一个展位摆了一些小竹篓子，以为是安茶，走近一看却又不大像——这竹篓子编得密，不像安茶的竹篓有小孔并且还有箬竹叶内衬。展位主人见我有意，过来招呼，我随口一问产地，她说：黑多县的。

什么县？在哪里？我有点懵。不过迅速反应过来了，问她是不是徽茶？她笑了：呀，原来你认识那个字。我说：巧了，以前了解过黟县的一些食俗，恰好知道。接着问：你这个还是黑茶么？她说：是的，安徽的黑茶。

黟县这个地方还真和"黑"有些千丝万缕的关联。黟县最早叫"黝县"，"黑黝黝"的那个"黝"。东汉建安十三年（公元208年），改黝县为"黟县"，"黟"字是黑、多合体，加上"黟"字生僻，好多人叫"黑多县"。晋代开始，黟县归属新安郡。直至今天，新安江都从黟县穿流而过，留下一片繁华。

新安山水自古有名，成为文人的审美自豪，梁武帝格外偏重此地。《梁书·列传》中有个故事：梁武帝很看重文学家徐摛。他在得知"摛年老，又爱泉石，意在一郡，以自怡养"时，就给他提建议："新安大好山水，任昉等并经为之，卿为我卧治此郡。"中大通三年（公元531年）徐摛出任新安太守。梁武帝看重的"新安大好山水"中的"新安"早已不在，被后来的"歙州"、"徽州"和现在的"黄山"所取代，黟县就在其中。

　　黟县隶属于安徽黄山市，位于安徽省南端，是古徽州六县之一，故也称"古黟"。黟县地形以山地丘陵为主，属北亚热带湿润季风气候，四季分明，气候温和。黟县是"徽商"和"徽文化"的发祥地之一，也是安徽省省级历史文化名城。世界文化遗产西递、宏村这两个非常著名的古村落就属于黟县。宋代人士罗愿在《新安志卷二·货贿》中记载："茶则有胜金、嫩桑、仙芝、来泉、先春、运合、华英之品，又有不及号者，是为片茶八种。其散茶号茗茶。"据说，古黟黑茶就是发掘了"运合茶"的制法。我没有查到"运合茶"的具体制法或者感官描述，无法印证。从茶叶历史沿革来说，那个时期的黑茶和今天的黑茶是两回事。不过古黟黑茶这个做法确实解决了当地茶产业的巨大问题——黟县是全国重点产茶县、全国生态产茶县，产茶量巨大，但是除了祁门红之外，茶叶基本为绿茶，造成了品质虽好，夏秋茶却无处可用的窘境，制成黑茶，则解决了这个问题。

　　买了两小篓古黟黑茶，回家也未急着品饮，这一放就放了近半年。天凉突然想起，就找出来尝试。拆开竹篓，先看外形，虽然紧压在竹篓中，却能比较轻松地剥离拆散，条索粗壮带梗，色泽乌黑带褐。滚水冲泡，汤色金黄带橙，香气特异，带有干姜，混合青草、草药的香气，最为显著的特点是杯底有浓郁的果脯蜜饯般的香气且较为持久。汤感不如普洱类、六堡类厚重，但是醇厚浓酽。叶底墨绿柔韧。

　　古黟黑茶对外也作为安茶销售，但是我个人认为，现今安茶的工艺其实是把绿茶、红茶、黑茶制作工艺混用，且冲泡时要加上箬叶一起提味。而古黟黑茶的制作工艺比较偏向于黑茶，和安化黑茶的工艺近似，也可机器紧压，也可竹篓紧压后继续发酵，因此我觉得古黟黑茶还是单独作为黑茶的一种比较好。

茯砖：穿越万里茶路

　　一个人的茶缘，其实是一段时空的投影。这里面包含着你读过的书、行过的路、爱过的人和经历的事。冥冥之中，自有应和。我是土生土长的山西人，然而据说父系一脉历史上从福建到浙江再到河北再到山西一路迁徙过来，母系一脉是安徽到江苏再到山西。我大学读书的时候，最感兴趣的课程是晋商研究，晋商的商业版图里很大一部分是开创了从福建武夷山到俄国圣彼得堡的万里茶道。我自己毕业后在很多城市厝居搬迁，随身的书基本是精简再精简，大学时代购买的书籍大多逸散，唯有当年由我大学时的老师葛贤惠教授所著的关于晋商的专著《商路漫漫五百年》和早年版的一本《盐铁论》却始终没有送人。

　　作为一个茶学老师，我喝过的茶很杂，认可不同茶具备不同的美。然而总体还是有偏爱，如果非要说最爱的，还是武夷岩茶，此外也很喜欢老的黑茶，尤其是六堡和茯砖。武夷岩茶也好，茯砖也好，都和晋商有关，都和晋商创建的万里茶道有关。不是因为我了解了它们与晋商的关联才选择喜欢岩茶和茯砖，而是我自然而然地喜欢了岩茶和茯砖之后，才思索这背后隐藏的人文联系。

　　时光回到康熙初年，注重德行的晋商在"以义为先"的商业文化指引下开创了自己的商业文明，然而这并不妨碍他们对市场异常的敏锐。到了乾隆年间，清政府取缔俄国商队来华贸易的权利，中俄贸易口岸仅开恰克图一地。做什么生意？这成为晋商选择武夷山岩茶的直接出发点。晋商资本进入武夷山之前，武夷岩茶虽说小有名气，然而在国际市场上还没有形成气候。晋商看上了武夷岩茶的什么呢？一是武夷山优异的自然条件和数百年的茶叶栽培技术；二是武夷山联通长江的便捷水路交通；三是武夷山相对闭塞的经济环境。上好的茶园、低廉的价格、廉价的劳动力、具有庞大需求的前景，这些都意味着可观的利润空间。于是在晋商资本的主导下，从武夷山下梅出发，过分水关到江西的铅山。然后在铅山装船下水信江，经九江，过长江，转汉水，直到湖北襄樊；休整后继续前行抵达河南的赊店结束水运。起岸后，换成骡马驮运继续北上，渡黄河，翻越太行山，进入山西晋中，继续北上山西大同，过雁门关，一路走东口张家口，出关穿过蒙古草原，经库伦到恰克图；一路走西口杀虎口抵达呼和浩特再到库伦直至恰克图。之后，再与俄国商人交接，进俄罗斯到叶卡捷琳娜堡，穿过喀山到达莫斯科，最终抵达圣彼得堡，武夷茶成为沙皇和东欧各国权贵不可替代的奢侈品。这条茶叶运输路线长达 1.2 万公里，存在了 260 多年，是真正的"万里茶道"。这条茶路的出现直接震惊了当时正在伦敦写作《资本论》的马克思，他专门撰写了题为《俄国的对华贸易》的评论文章，对中俄贸易的深远影响作了分析。

清道光三十年（公元 1850 年）之后，受太平天国起义的影响，长江沿岸重镇汉口、九江、安庆都被起义军攻陷，万里茶道中断。而北方游牧民族和俄国对茶叶的需求有增无减，精明的晋商开始寻找新的茶源。很快，以洞庭湖边的安化、两湖交界的临湘、赤壁为中心的外输红茶、砖茶的中心产区就成型了。其中安化黑茶在明代就被列为贡品，深受西北游牧民族的喜爱，其中非常重要的一个品种，就是我们今天的茯砖。

我第一次选择喝茯砖，大部分是因为它的保健作用——茯砖是有"金花"的。金花是种益生菌，先是叫做冠突曲霉，后来叫做谢瓦氏曲霉，再后来又改为冠突散囊菌。反正不管学名怎么变，喝茶的人一律叫"金花"。金花多少是衡量茯砖的重要标准，而茯砖具有清血脂、解肥腻、通三焦的神奇作用，也多半是因为金花的作用。

金花除了保健作用外，还具有在新陈代谢的过程里逐渐醇化而创造出的茯砖迷人风味。不仅仅是闻起来有类似干黄花般的菌香，喝起来也很顺滑，基本没有苦涩，是非常明显的糖香。

　　喝茯砖，我反而更爱稍微粗老的茶青，其实它比细嫩的茶青更容易生长金花。茯砖和熟普还是有不同，我自己觉得它没有普洱那么耐泡，但是五六泡中，每泡的口感都有明显的不同，而且每泡都要滚水来冲，最后还可以用壶煮透，仍然能获得不错的茶汤内质。请教过一些茶人，归纳他们的意见：普洱也许可以放50年还有很好的品质（茶汤内容物），茯砖其实基本上过了30年，金花就已经完全死亡了，但是茶的口感会有另外的惊喜。

　　茯砖的叶底并不肥厚，仿若还有羸弱之感，可是却穿越百年，经历别的茶难以承受的水火蒸压，方才能释放出令人惊叹的能量。这不能不让人感叹，大千世界，万物有道，唯需自珍，终展光华。

大寒　修省自身　Greater Cold

　　大寒是一年最后一个节气，通常在阳历的 1 月 20 日左右。大寒的意思非常明显，对应小寒，而成为地面表象最冷的时令。《授时通考·天时》引《三礼义宗》："大寒为中者，上形于小寒，故谓之大……寒气之逆极，故谓大寒。"这时寒潮南下频繁，是我国大部地区一年中的寒冷时期，风大，低温，地面积雪不化，呈现出冰天雪地、天寒地冻的严寒景象。但是在天象上，温暖已经孕育，逆极必反，大寒过后，立春就即将到来，一个新的轮回就呈现了。

　　我们在小寒的文章里已经说过，实际气温来看很多时候小寒要比大寒冷。"数九歌"最流行的一个版本是："一九二九不出手；三九四九冰上走；五九六九沿河看柳；七九河开八九燕来；九九加一九，耕牛遍地走。"这是我小时候就背诵的传统民谣。三九四九，基本都在小寒节气之内，从这个传统民谣来看，小寒是比大寒冷的。但是大寒是"黎明前最黑暗的时刻"，为了表明物极必反，最靠近春天的时候应该是最冷的，从这个意义上来说，大寒应该是最后一个节气，也是最寒冷的。

　　其实不用非要争论"大寒"冷还是"小寒"冷，毫无争议的是，大寒节气后是我们最欢乐的时光，因为中国最重要的传统节日——春节就在大寒之内。为了这个春节，其实要做很多铺垫，这些铺垫性的日子也都是重要的节日：腊月二十三要送灶王爷，腊月三十除夕守岁，正月初一正日子必须开开心心地访友也等着别人来拜年。我家的厨房和我工作的餐饮门店的厨房，在腊月二十三日，我都要象征性地点一炷香，为灶王爷送行，感谢，应个景。我家平常是不开电视机的，因为一是没时间看，二是仿佛对电视节目也不是很感兴趣。但是大年三十会开着电视机，其实也就听个响，该包饺子包饺子，该聊天聊天，可是过年的氛围就来了。正月初一，虽然也不再关注新衣服，还是要捯饬一下自己，干干净净的、开开心心的，为一元更始起个好头。

天气很寒冷，节俗又很多，大鱼大肉大酒，加上休闲放松，古人的"忧患意识"很强，提出了大寒的养生原则。冬天整体都在收摄，其实控制的是心的散乱，尤其是大寒节气更应静心少虑，不能过度劳神；要早睡晚起，保证充足的睡眠。而冬天也是传统的补养时节，大寒也应适当进补，白天要补阳气，吃些热性食品，如牛肉、羊肉、鸡肉等，晚上要补阴血，可以喝乌鸡汤、甲鱼汤等。但是要特别注意，现代人的运动量不够，这样补养的能量会淤积，反而容易致病。大寒时节在白天要多晒太阳，适当运动，这样人体的气血才能够循环起来，推动人体的能量运转，以达"正气存内，邪不可干"之理，方能为开春打好身体基础。

"正气存内，邪不可干"从更高的层面来讲，是指人要不断地修省，只有调整好了自己，才能有更好的未来和前景。所以中国的古人所追求的君子之道，都是向内求的，修省自身，方能通达。

这个大寒时节我准备了两款茶：一款是雅安藏茶，属于黑茶，煮开后倒入杯中捧在手里，充满暖意；一款是普洱茶中的紫娟，有着高贵的神秘色彩，为迎接绚烂的春天做准备吧。

紫娟流光

茶圣陆羽曾言：茶者，紫者上，绿者次；野者上，园者次；笋者上，芽者次；叶卷上，叶舒次。

陆羽一生爱茶学茶，他的评价来源于大量的实践，还是非常值得采信的。依陆羽评价，茶叶中带紫者皆为上品。所以，顾渚紫笋一直以来盛名不堕。这种茶叶中的"紫"，是茶树的芽叶出现了部分紫色的变异，顾渚紫笋是，紫芽是，紫条亦是。

但，紫娟不是。

因为陆羽终其一生，未涉足云南，尤其对云南乔木型茶树基本未接触，所以乔木茶里的紫色品种，陆羽并不知晓。紫娟茶是云南茶科所通过不断强化自然界紫色变异的茶树，而最终培育成功的新的小乔木型茶种。紫娟茶可以做到全叶皆紫，而且娟秀挺隽，故而得名。其名甚为贴切，世人评《红楼梦》里的丫鬟紫娟"大爱而劳心"，紫娟茶亦然。

为什么这么说？通常植物呈现紫色是其花青素含量偏高的缘故，比如蓝莓，比如紫薯。花青素是一种很好的抗氧化剂，属于黄酮类，虽然对健康来说它是很好的东西，但是在口感上来说，它呈现明显的苦和涩。陆羽所处时代，茶的饮用方法主流还是粥茶饮法，而茶基本上都是绿茶，红茶、乌龙茶、黑茶都未出现。因而陆羽所说紫茶为上，必然指茶生长期的一种状况，当是带有基于生长环境的推论性。按照现代植物学的研究，我们知道，茶树的绿叶中主要含有的叶绿素是叶绿素 a 和叶绿素 b，因为叶绿素吸收蓝紫光而使叶片呈现绿色。但叶绿素 a 主要呈蓝绿色，

叶绿素 b 呈黄绿色。阳生植物的叶绿素 a 的含量要高，吸收光能的作用
更强。所以，陆羽还说，冲着阳光的山坡上又有适量林木遮挡下的茶树
品质最好。所以，陆羽所说的紫，其实是一种阳生植物叶片呈现的蓝，
这种蓝色在芽叶或者叶片边缘或者嫩的枝条上呈现一种近似的紫。而有
这种特征的所谓紫茶又恰恰是生长环境比较适宜品质也较好的茶，所以
陆羽才说茶紫为上。当然陆羽不会研究什么叶绿素，这是他对大量的自
然样本观察的结果或者总结的规律，这个规律，顾渚紫笋、紫芽、紫条
这些茶都是符合的，但是实际上我们看紫笋、紫芽、紫条的成茶都不带
紫色，不管是干茶还是茶汤或是叶底，你都看不到紫色。

　　紫娟不同，它的紫色是花青素的紫，也是真正意义上的紫。我把紫娟
烘青和紫娟晒青做了冲泡对比，这样一来两个茶样的对比情况更为明显。

　　用水皆为净月泉矿物质水，品饮时间前后不差半小时，故而海拔和
品饮者身体状况的影响都是相同的。唯一不同的是我冲泡晒青茶的水温
略高于冲泡烘青茶的水温，出汤时间也长一些。紫娟的特点在两种茶中
都一览无遗——真的是苦啊，而且有明显的涩感，并且这种苦和涩转化
得并不能算快。紫娟的烘青茶有很明显的熟板栗香，倒是我没想到的。
通常烘青或半烘青都呈现兰花香，比如顾渚紫笋、六安瓜片或者黄山毛
峰，而紫娟烘青不论茶汤、叶底都呈明显的板栗香。紫娟的晒青茶干茶
香气好于一般当年产生普洱，不是那种直白的青叶香，而是混了木香、
果香的一种复合香气。两种茶都耐泡，为了品饮我加大了茶水比，推测
两种茶都可冲泡八泡以上而无水味。

　　最好和最令人惊喜的，紫娟茶的汤色真的是那种明显的紫啊——轻
柔的、澄澈的、触之即碎的紫，流光的紫，周邦彦《少年游》中挽留情
人"直是少人行"那种含蓄的、带着狡黠的小爱情的紫。

　　品饮完紫娟，看着两款茶的叶底发呆，都是那般一样的靛蓝。再次想到
紫鹃"大爱而劳心"，觉得这茶还真是亦然，虽然较平常的茶更涩，可是花青
素对于降压和抗电磁辐射确实功效显著，这是茶的劳心，也是茶对人的大爱。

当下清净而又可伴一生的粽叶藏茶

四川的"雨城"雅安，有一座周公山，传说是诸葛亮梦见周公旦的地方。海拔 1744 米，地势险要，人烟稀少。在山顶上可以看见雅安全貌，也可以远眺峨眉山、瓦屋山、贡嘎山等美景。周公山的生态系统完善，多样性好，野生动植物繁多，森林覆盖率在 80.5% 以上。

在周公山的山坡上，有一片优质的老川茶。老川茶是四川真正的"本土居民"。从古蜀国时代，经过漫长的自然演化，物竞天择，老川茶成为遗留的群体种茶树，大部分都是小叶种灌木型，也有部分中叶种。老川茶因为是群体种，品种复合多样，性状不一，但是都是茶果有性繁殖的，出芽晚、产量低，所以在上个世纪被改良茶树品种取而代之，比如福鼎大白、福选 9 号等良种茶（可以比老川茶早萌芽 10~20 天，产量多约 20%）。这种情况下，四川虽然是产茶大省，但是四川的大部分茶叶其使用的品种都不是老川茶。

我不唯茶种看茶，因为改良茶种也是一代一代的茶叶科学家的科研成果。我只是说作为四川代表性的古发源产地茶树品种，老川茶的休眠期长，因而滋味浓郁，内含物质丰富，具有自己独特的品质特点。我曾经选择用老川茶种制作蒙顶甘露，成品茶有独特的白兰香，茶汤滋味也浓稠。这一次我们想到了藏茶。藏茶，虽然带一个"藏"字，但是其实它的产地是雅安。确实在历史上它的发展也是为了当时西藏达官贵人、活佛喇嘛们的日常享用，中国历史上自宋代以来，历朝官府皆推行"茶马法（不是一部法律，而是关于茶马互市的系列法令）"，明代的时候在四川雅安、天全等地设立管理茶马交易的"茶马司"。到了清朝乾隆年间，朝廷规定灌县、重庆、大邑等地所产的边茶专销川西北的松潘、理县等地，被称为"西路边茶"。西路边茶里常见的规格是灌县产的"方包茶"，因将原料茶筑压在方形篾包中而得名。过去西路边茶都用马驮运，每匹马驮两包，所以俗称"马茶"。方包茶的原料十分粗老，是采割一到两年生的成熟枝梢直接晒干制成，据说是一般供给藏民平民日常饮用的。藏区的大活佛、官员、贵族们饮用什么茶呢？"官茶"应运而生。官茶就是"南路边茶"。四川雅安、天全、荥经等地所产的边茶专销当时西康省和西藏地区，叫做"南路边茶"，也叫"细茶"。

　　关于雅安藏茶，我还听到过一个传说。说是明朝嘉靖年间有位官员在藏地患病，家书寄回四川雅安，妻子很是着急，把思念和关心寄托在茶上，用山上的箬竹叶包好，寄送到丈夫身边。丈夫一尝，因为路途遥远、时间很长，茶叶已经变色发酵，还带有箬竹叶的清香，居然把他的病治好了。这种传说我也没当真，但是如果我们把它的关键点剥离出来，放在历史大背景之中去看，也能得出一些有意思的信息。明代的茶叶销售制度是国家注册指定茶商销售运输，严厉打击私茶。那么即使是自己家产的茶叶，也不能寄送，所以必须"伪装"，不能让别人看出来是茶叶。此外，内地官员去西藏上班，最大的状况应该是高原反应和全肉食不好消化的问题。箬竹叶在中医上，有解热、缓解喉咙痛、头痛的功效，茶叶主要是用来增强消化功能、克化肉食。而且包裹箬竹叶从明代开始，是非常常用且有效地防止茶叶受潮变质的办法。

　　所以，这一次我选了用箬竹叶包裹藏茶，做成粽子型，有追古思今的想法在里面。茶叶是周公山的老川茶，箬竹叶也是山上野生的，茶叶加工厂是当地传统藏茶的正规生产厂家。带着期盼的心情，等把茶叶做好，我很认真地开汤品饮。一个精巧的小粽子，是 20 克茶叶，都是上好的谷雨期间细嫩的芽叶，可以分成两到三次冲泡。茶汤是通透明澈的，颜色像是红色的玉，闻起来，有浓郁的茶香、明显的菌香、淡淡的箬竹清香。茶汤入口，顺滑、浓稠又不过分厚重，带着一分活泼。喝过不久，肠胃觉得暖和，又有微微的饥饿感。冲泡了几遍，又撕下一点箬竹叶和茶底一起熬煮，别有滋味。此外，藏茶也可以加奶、加陈皮、加蜂蜜、加各种干花等一起饮用。

这雅安的粽叶藏茶，藏着历史的回响、大山的情意，品饮时感受到了自然的清净，在常温干燥的环境中可以长期陈化储存，我想这是可伴一生的茶香啊。

二十四维的光阴与茶香

　　我的新书《茶里光阴：二十四节气茶》（插画版）即将付梓出版。高兴之余，我尤其想特别说明的是：这不是一本养生茶书。这是一本关乎时间的茶事记录，只不过这个"时间"是二十四节气，这些茶事的主角是茶以及这些茶在当下、在彼时带来的思索与美好。

　　2016 年的 11 月 30 日，中国"二十四节气"正式列入联合国教科文组织《人类非物质文化遗产名录》。已有几千年历史的"二十四节气"，是中国古人对四季转换规律的总结，也是直接指导农民种植、收获的大型"时间表"。

　　如果说农事，是接地气的大俗，那么茶事，在以前绝对是文人雅士、巨商大贾、皇亲贵戚的大雅。在阶层明晰的历史朝代中，节气神奇地把大俗和大雅连接起来，无论士农工商，皆认可和遵循节气是我们对生命、自然、人生宇宙的感受和认知，是非常清晰的时间投影。

　　说到时间，我常常痴迷于那些表达时间的文字之中——光阴、岁月、桑田、白驹、石火……美丽的中国文字用自然宇宙中的事物直接触动我对人生的感受，令我静默忘言。而同样属于表示时间范畴的"节气"，虽然没有那么大气，却充满了律动的活泼——它让你思索，让你观照，让你动起来。

　　古人把五天称为微，把十五天称为著，五天多又称为一候，十五天则是一节气，见微知著，跟观候知节一样，是先民立身处世的生活，也是他们安身立命的参照。在二十四维时间里，每一维时间都对其中的生命提出了要求。节气是中国人生存的时间和背景，生产和生活的指南和牵引。

　　时光荏苒，今天的我们，一方面对时间分秒必争，一方面又失去了时间感。这种时间感，是对自然的感知以及这种感知反映在人类社会的种种人文情致。

　　我的主职工作是餐饮管理和培训。每天都过得忙忙碌碌，甚至一度觉得分身乏术，然而越是如此，越感到我们中国先贤在《礼记·杂记下》中所说的至理："一张一弛，文武之道也。"没有大把的闲暇时间，何不关注节点？早在 2015 年，我就开始重新关注二十四节气。在每个节气，我会依照当下节气之思选择茶品冲泡，感受节气中不同茶的美好。我也相信，节气时间已经超越传统农耕生活，通过类似茶思的方式进入到现代人的大都会生活，让我们在节气时间中认识自我，获得新的平衡与安顿。

李韬